Z-126a

H-X
PE
(RG)

Akademie der Wissenschaften und der Literatur · Mainz

Colloquia Academica

Akademievorträge junger Wissenschaftler

Naturwissenschaften   N 1998

Akademie der Wissenschaften und der Literatur · Mainz

Ingrid Biehl

Copyright-Schutz digitaler Daten
durch kryptographische
Fingerprinting-Schemata

Michael Thielscher

Kognitive Robotik —
Perspektiven und Grenzen
der KI-Forschung

Franz Steiner Verlag · Stuttgart

Herausgegeben von der Akademie der Wissenschaften und der Literatur, Mainz,
in Verbindung mit der Johannes Gutenberg-Universität Mainz und
dem Ministerium für Bildung, Wissenschaft und Weiterbildung des Landes Rheinland-Pfalz.

Die Deutsche Bibliothek — CIP-Einheitsaufnahme

Akademie der Wissenschaften und der Literatur <Mainz>:
[Colloquia academica / N]
Colloquia academica / Akademie der Wissenschaften und der
Literatur, Mainz : Akademievorträge junger Wissenschaftler / in
Verbindung mit der Johannes-Gutenberg-Universität Mainz und dem
Ministerium für Bildung, Wissenschaft und Weiterbildung des Landes
Rheinland-Pfalz. N, Naturwissenschaften. — Stuttgart : Steiner.
ISSN 0949-8133

1998. Biehl, Ingrid: Copyright-Schutz digitaler Daten durch
kryptographische Fingerprinting-Schemata. — 1999

Biehl, Ingrid:
Copyright-Schutz digitaler Daten durch kryptographische
Fingerprinting-Schemata / Ingrid Biehl. Kognitive Robotik :
Perspektiven und Grenzen der KI-Forschung / Michael Thielscher.
[Gesamtw. hrsg. von der Akademie der Wissenschaften und der
Literatur, Mainz, in Verbindung mit der Johannes-Gutenberg-
Universität Mainz und dem Ministerium für Bildung, Wissenschaft
und Weiterbildung des Landes Rheinland-Pfalz]. — Stuttgart : Steiner,
1999
  (Colloquia academica / Akademie der Wissenschaften und der
  Literatur, Mainz : N, Naturwissenschaften ; 1998)
  ISBN 3-515-07565-8

© 1999 by Akademie der Wissenschaften und der Literatur, Mainz.
Alle Rechte einschließlich des Rechts zur Vervielfältigung, zur Einspeisung in elektronische
Systeme sowie der Übersetzung vorbehalten. Jede Verwertung außerhalb der engen Grenzen
des Urheberrechtsgesetzes ist ohne ausdrückliche Genehmigung der Akademie und des Ver-
lages unzulässig und strafbar.
Druck: Rheinhessische Druckwerkstätte, Alzey.
Printed in Germany.
Umschlaggestaltung: Offenberg Grafik, Nierstein.
Gedruckt auf säurefreiem, chlorfrei gebleichtem Papier.

ISBN 3-515-07565-8
ISSN 0949-8133

Inhalt

INGRID BIEHL: Copyright-Schutz digitaler Daten durch kryptographische Fingerprinting-Schemata 7

MICHAEL THIELSCHER: Kognitive Robotik – Perspektiven und Grenzen der KI-Forschung 41

Copyright-Schutz digitaler Daten durch kryptographische Fingerprinting-Schemata

von

Ingrid Biehl (Darmstadt)[*]

1. Einleitung

Die moderne Datenverarbeitungstechnik erlaubt es, eine Vielzahl von Daten wie z.B. Bilder, Kinofilme, Zeitschriften, Zeitungen, Tonaufnahmen oder Software in digitaler Form und damit in optimaler Qualität und Verwendbarkeit zu speichern und zu verarbeiten. Darüber hinaus bieten sich für digitale Daten neue Vertriebswege z.B. über das Internet oder auf Broadcast-Medien wie CD-ROMs an. Die Daten sind in der Regel für den Interessenten bequem erwerbbar und problemlos und ohne Qualitätsverlust vervielfältigbar. Allein der Software-Industrie entsteht durch die Verbreitung von Raubkopien ein immenser Schaden, der sich nur schwer beziffern läßt. Der Einsatz einer Vielzahl von Techniken soll dieses Problem begrenzen, wenn nicht gar lösen. Eine Einführung in diese Thematik ist z.B. zu finden in [3]. In der Literatur wurden in den vergangenen Jahren einige theoretische Ansätze zur Bewältigung des Copyright-Schutz-Problems vorgestellt und untersucht, so um Beispiel [14], [11], [6], [32], [31], [18], [21] und [29].

Unter *Urheberrecht* versteht man das Recht des Urhebers eines Werkes (der Literatur, Wissenschaft oder Kunst) an seiner geistigen Schöpfung. Die ideellen und materiellen Interessen des Urhebers sollen geschützt werden, d.h. allein der Urheber soll entscheiden dürfen,

---

[*]Technische Universität Darmstadt, Fachbereich Informatik, Alexanderstraße 10, D–64283 Darmstadt, Telefon: +49 6151 16 6167, Fax: +49 6151 16 6036, Email: biehl@informatik.tu–darmstadt.de, in Zusammenarbeit mit Bernd MEYER, Siemens Corporate Technology, Otto-Hahn-Ring 6, D–81730 München, Email: bernd.meyer@mchp.siemens.de.

wer sein Werk wo veröffentlichen (*Veröffentlichungsrecht*) und materiell verwerten (*Verwertungsrecht*) darf. Darüber hinaus hat er ein Recht auf Einspruch gegen Veränderungen an seinem Werk (*Originalität*).

In der Vergangenheit wurden urheberrechtlich geschützte Daten in erster Linie in Papierform oder in analoger Form (z.B. Tonaufnahmen) gespeichert und verbreitet. Kopien waren in der Regel von schlechterer Qualität als das Original. Darüber hinaus wurden sichtbare Markierungen in die Papier- oder Analogform (Logos in Fernsehprogrammen, Copyright-Vermerk in Zeitschriften) eingebracht, die beim Kopieren erhalten bleiben.

Digitale Daten dagegen sind leicht und mit geringem Zeit- und Kosteneinsatz kopierbar. Kopien in Originalqualität sind problemlos herzustellen. Erkennbare Markierungen sind oft mit Hilfe moderner digitaler Verarbeitungstechnik entfernbar. Raubkopien sind mit geringstem Aufwand (z.B. mit Hilfe des Internets) weiterverbreitbar. Angesichts der geringen Kosten zur Erstellung und Verbreitung von Raubkopien garantieren diese eine hohe Gewinnspanne für Raubkopienhersteller, während es vergleichsweise schwierig ist, den Hersteller einer Raubkopie aufzuspüren. Aus den genannten Gründen hat das Problem des Urheberrechtsschutzes im Zeitalter digitaler Datenverarbeitung stark an Bedeutung gewonnen.

Die Ziele, die beim Copyright-Schutz digitaler Daten verfolgt werden, können in folgende Klassen eingeteilt werden:

1. *Beweis der Urheberschaft*: Mechanismen werden eingesetzt, mit deren Hilfe ein Urheber seine digitalen Daten mit einem Nachweis seiner Urheberschaft versehen kann.
2. *Nachweis von Datenmodifikationen*: Techniken kommen zum Einsatz, die es dem Urheber und eventuell den Benutzern ermöglichen, Veränderungen an den Daten zu erkennen und nachzuweisen. Solche Techniken sind z.B. bei Bilddaten von großem Wert, um Fotomontagen als solche entlarven zu können.
3. *Verhinderung der Herstellung von Raubkopien*: Verfahren werden verwendet, die die Herstellung von Raubkopien verhindern oder erschweren.
4. *Nachweisbarkeit unberechtigter Weiterverbreitung*: Methoden, die es erlauben, Raubkopien als solche zu erkennen und darüber hinaus den Hersteller einer Raubkopie zu identifizieren, sollen als Abschreckungsmaßnahme dienen.

In vielen Anwendungen läßt es sich kaum vermeiden, die Daten in einer kopierbaren Form an den Käufer weiterzugeben. Bei Software muß in den meisten Fällen für jeden Kunden die Möglichkeit gegeben sein, Sicherheitskopien zu erstellen. Häufig werden aber auch Schutzmaßnahmen gegen die Herstellung von Kopien trickreich von Raubkopienherstellern unterlaufen. So gibt es z.B. WWW-Seiten auf dem Internet, von denen man gültige Registriernummern für verbreitete Programme beziehen und damit nicht-lauffähige Raubkopien dieser Programme verwendbar machen kann. Einen gewissen Schutz vor Weiterverbreitung kann man in solchen Fällen erreichen, wenn man beim Verkauf die Daten für jeden Käufer individuell markiert und damit einen Raubkopienhersteller beim Auffinden einer illegalen Kopie identifizieren kann.

Inbesondere für Multimedia-Daten wie digitale Bild- und Audio-Daten wurden in den letzten Jahren verschiedene *Markierungstechniken* entwickelt. Dabei werden z.B. an einem digitalen Bild kleinste Veränderungen vorgenommen, die den Gebrauchsnutzen des Bildes nicht beeinträchtigen und nur für den Urheber des Bildes durch Vergleich mit dem Original erkennbar sind. Erhält jeder Käufer der Daten eine individuelle Version beim Kauf, so kann man damit den Erzeuger einer Raubkopie identifizieren, sobald man diese findet, und kann sich eine abschreckende Wirkung durch Anwendung dieser Technik erhoffen. Damit die Schutzwirkung des Verfahren aber nicht unterlaufen werden kann, muß sichergestellt werden, daß ein Copyright-Pirat Markierungen nicht entfernen kann. Dazu ist es wichtig, *robuste* Markierungen einzusetzen. Zu diesem Zweck wurden in den letzten Jahren immer wieder verfeinerte Verfahren entwickelt (s. [7], [11], [16], [39] und [40]). Allerdings finden sich auch immer wieder Techniken, diese Verfahren zu unterlaufen (s. [30]).

Ein weiteres Problem ergibt sich, wenn ein oder mehrere zusammenarbeitende Copyright-Piraten (*Kollusion*) mehrere individuell markierte Versionen der Daten besitzen. In diesem Fall sind sie durch Vergleich der verschiedenen Versionen in der Lage, einige der vorgenommenen Veränderungen zu erkennen und durch Kombination von Einzelblöcken eine neue Version zu erstellen, die sich von jeder der ursprünglichen Versionen deutlich unterscheidet. Auch in diesem Fall möchte man in der Lage sein, wenigstens einen der Betrüger identifizieren zu können. In [8] stellen D. Boneh und J. Shaw eine Theorie vor, die sich mit der Frage nach der Konstruktion solcher *kollusions-sicheren Fingerprinting-Schemata* beschäftigt. Sofern ein robustes Markierungsverfahren für die zu schützenden Daten vorliegt, ist es nach [8] grundsätzlich möglich, die Daten kollusions-sicher zu markieren.

Allerdings bleibt auch bei diesem Ansatz ein weiteres Problem ungelöst: Zwar kann der Verkäufer bei Auffinden einer Raubkopie nunmehr einen Betrüger identifizieren. Aber es bleibt unter anderem deshalb schwierig, diesen Betrug nachzuweisen, als nicht nur der Betrüger, sondern auch der Verkäufer die zur Konstruktion der Raubkopie notwendigen individuellen Datenversionen besitzt und damit nicht ausgeschlossen werden kann, daß der Verkäufer selbst oder einer seiner Angestellten diese "Raubkopie" erstellt und weitergegeben hat. Dieses Problem wird in [32] von B. Pfitzmann und M. Schunter aufgezeigt und durch die Erfindung der *asymmetrischen Fingerprinting-Schemata* gelöst. In [31] und [4] werden Techniken vorgestellt, die es erlauben, aus jedem beliebigen symmetrischen Fingerprinting-Schema ein asymmetrisches Fingerprinting-Schema von ähnlicher Effizienz (gemessen an der Zahl benötigter Markierungen) zu konstruieren. Wir werden die in [4] vorgestellten Techniken hier erläutern.

Eine wesentliche Eigenschaft der bis dahin entwickelten Verfahren besteht darin, daß der Verkäufer natürlich den Käufer kennen und registrieren muß, damit er beim Auffinden einer Raubkopie einen verantwortlichen Käufer identifizieren kann. Um diesen Mangel an Anonymität für den Käufer bei gleichzeitiger Wahrung der Copyrightschutz-Interessen des Verkäufers zu beheben, haben B. Pfitzmann und M. Waidner in [34] die Idee der *anonymen Fingerprinting-Schemata* entwickelt und Verfahren dazu vorgestellt. Abschließend skizzieren wir diese Konstruktion.

1.1 Wasserzeichen

Eine verbreitete Technik zum Schutz von Multimedia-Daten ist das Markieren der Daten mittels sogenannter *Wasserzeichen*. Dabei werden in Abhängigkeit von den Daten leichte Veränderungen an diesen vorgenommen, die den Gebrauchsnutzen der Daten nicht beeinträchtigen. Z.B. durch Vergleich mit den Originaldaten können diese Veränderungen dann erkannt werden und durch ihr Vorhandensein bzw. Nichtvorhandensein als Informationsträger fungieren. Insbesondere bei digitalen Bildern wird diese Technik in der Praxis zunehmend eingesetzt. Damit wird natürlich nicht verhindert, daß Kopien erstellt werden. Allerdings sind Raubkopien als solche erkennbar und nachweisbar. Durch geschickten Einsatz der Wasserzeichen-Technik kann eine Raubkopie sogar dazu dienen, den Raubkopienhersteller zu identifizieren, wodurch sich ein Abschreckungseffekt ergibt.

Am folgenden Beispiel sei diese Technik demonstriert. In einem Schwarzweißbild werden die Grauwerte als Zahlen zwischen 0 (schwarz) und 255 (weiß) dargestellt. In Binärdarstellung benötigt man somit zur Kodierung der Information eines Bildpunkts (Pixel) 8 Bit. Schwarz entspricht dann der Bitfolge 00000000, weiß entsprechend 11111111. Verändert man nun das letzte Bit eines Pixelwertes, so ist die Veränderung für das menschliche Auge kaum wahrnehmbar. Man kann also Informationen dadurch in ein Schwarzweißbild hinein kodieren, daß man die Information wiederum als Bit-Folge darstellt und als die letzten Bits der Pixelwerte kodiert. Diese konkrete Markierungsmethode wird allerdings in der Praxis kaum eingesetzt, da sich diese Markierungen leicht erkennen und entfernen lassen.

Man unterscheidet die folgenden Typen von Wasserzeichen:
1. *Öffentliche Wasserzeichen*: Diese werden so in die Daten eingefügt, daß jedermann die eingebrachte Information lesen kann. Man verwendet sie, um Informationen über den Copyright-Inhaber in diese einzubauen und um den Benutzer über Urheberrechte aufzuklären.
2. *Urheber-Wasserzeichen*: Diese sind nur für Eingeweihte erkennbar und für die Benutzer unsichtbar. Sie dienen dazu, eine Art Unterschrift des Urhebers in die Daten einzubauen, die bei einer vertrauenswürdigen Partei hinterlegt wird. Damit kann beim Auffinden einer Raubkopie der Urheber nachweisen, daß diese Daten tatsächlich von ihm stammen.
3. *Käufer-Wasserzeichen*: Auch diese sind nicht öffentlich. Es handelt sich dabei um für den Benutzer unsichtbare Markierungen, die für jeden Käufer der Daten individuell in seine Version eingebaut werden und diesen identifizieren. Findet sich eine Raubkopie, so kann anhand der Käufer-Wasserzeichen ermittelt werden, welcher Käufer seine Kopie weitergegeben hat. Man erhofft sich von der Verwendung von Käufer-Wasserzeichen und der damit verbundenen potentiellen Identifizierung eines Raubkopienherstellers eine abschreckende Wirkung.

Die vom Datentyp abhängigen Markierungsmethoden müssen dabei robust gegenüber Manipulationen durch Raubkopienhersteller sein. So wird z.B. bei digitalen Bildern das RSPPMC-Verfahren verwendet (*Randomly Sequence Pulse Position Modulated Code*), bei dem nach Transformation der Pixelwerte in den Frequenzraum einige wenige Frequenzen im mittleren Frequenzbereich verändert werden. Dieses Verfahren hat sich als robust gegenüber nachträglichen Veränderungen wie Anwendung von Filter-Techniken, Bildkompressionsverfahren (z.B. JPEG), Verzerrungen und Farbveränderungen erwiesen. Beispiel für ein derartiges Verfahren ist das System SysCoP, das von Mitarbeitern des Fraunhofer Instituts für graphische Datenverarbeitung in Darmstadt entwickelt wurde (s. [26], [27], [39]).

Es existieren bereits kommerzielle Produkte (z.B. von der Firma Aris, Massachusetts) zum Markieren von Multimedia-Daten, die es erlauben, mittels spezieller *Suchagenten* automatisch das Internet nach Raubkopien abzusuchen, indem gefundene Bilder daraufhin untersucht werden, ob entsprechende Markierungen in diesen vorliegen. Allerdings gibt es immer wieder erfolgreiche Angriffe gegen Markierungstechniken (s. z.B. [30]).

Als weitere Beispiele für diese Watermarking-Techniken für Multimedia-Daten seien [7], [11], [16] und [40] genannt.

1.2 Das Modell

Wir untersuchen im folgenden das Fingerprinting-Modell von D. Boneh und J. Shaw, das in [8] vorgestellt wurde: Kleine Veränderungen an den Daten werden vorgenommen, damit sie in einer illegalen Kopie entdeckt werden können. Wir nehmen an, daß es eine Technik zum Einfügen nicht-wahrnehmbarer Markierungen in die zu markierenden Daten gibt, und werden im folgenden nur von der *Erzeugung einer Marke* sprechen und die Details dieses Vorgangs ignorieren. Weiterhin gehen wir davon aus, daß es eine große Anzahl von Möglichkeiten gibt, eine Veränderung vorzunehmen. Wir nennen eine derart veränderte Stelle eine *Marke* oder *Markierung*.

Form und Anzahl möglicher Werte für jede individuelle Markierung können von der Semantik der Daten abhängen. Aus Vereinfachungsgründen gehen wir im folgenden davon aus, daß die Daten in t verschiedene Blöcke aufgeteilt werden können und daß es zwei Versionen für jeden Block gibt, eine *unmarkierte Version* und eine *markierte Version*. Muster, gemäß denen die Blöcke jeder individuellen Kopie eines Käufers markiert sind oder nicht, müssen unterschiedlich sein für jeden Käufer und den Verkäufer in die Lage versetzen, einen Betrüger zu identifizieren. Ein solches Muster ist eine Folge von Nullen und Einsen der Länge t und heißt *Markierungsmuster*.

Ein Problem bei diesem Ansatz ist die sogenannte *Multiple-Dokumenten-Attacke*, die darin besteht, daß mehrere Käufer, *Kollusion* genannt, ihre individuellen Kopien miteinander vergleichen und dabei Unterschiede, also Teile ihrer individuellen Markierungen, erkennen und entfernen oder vermischen können. Ein Block, der in unmarkierter und in markierter Version bei jeweils wenigstens einem der Betrüger vorkommt, kann daher in der Raubkopie entweder als markierter oder als unmarkierter Block auftreten.

Man interessiert sich für Schemata, die sicher sind gegen Kombination von maximal c verschiedenen Versionen der Daten. Das bedeutet: Auch wenn bis zu c Käufer zusammenarbeiten, um eine neue Version der Daten ausgehend von ihren c individuellen Versionen zu erstellen, muß das Fingerprinting-Schema den Verkäufer in die Lage versetzen, wenigstens ein Mitglied der Kollusion zu identifizieren.

 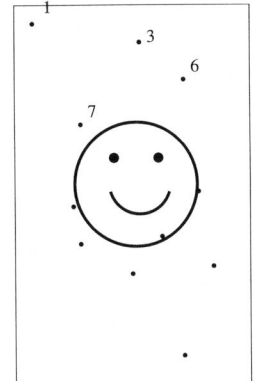

alle Marken   *Markierungsmuster: 101001100...*

Abb. 1: Individuell markierte Bildversion

Eine zentrale Frage betrifft dabei die Form des Markierungsmusters und des Identifikationsalgorithmus, der Sicherheit des Verkäufers gegenüber Betrügern und Sicherheit unschuldiger Käufer vor Anklage und Verurteilung garantieren muß.

Symmetrisches und Asymmetrisches Fingerprinting: Bisher wurden insbesondere symmetrische Fingerprinting-Schemata untersucht: Der Verkäufer modifiziert die Daten ohne Einflußnahme durch den Käufer. Wenn der Verkäufer eine Raubkopie findet, kann er allerdings nicht entscheiden, ob die Raubkopie von dem entsprechenden Käufer oder einem der eigenen Angestellten weitergegeben wurde. Aus ähnlichen Gründen kann der Verkäufer auch gegenüber Dritten (z.B. einem Richter) kaum nachweisen, daß eindeutigerweise der Käufer seine Kopie illegal weitergegeben hat. B. Pfitzmann und M. Schunter führen in [32] asymmetrische Fingerprinting-Schemata ein, um dieses Problem zu lösen. Die grundlegende Idee besteht darin, daß der Verkäufer beim Berechnen der individuellen Version der Daten diese nicht sieht und nur eine Art Steckbrief des individuellen Markierungsmusters erhält, der ausreichend ist, um eine gefundene Raubkopie einem Käufer zuzuordnen.

Anonymes Fingerprinting: In asymmetrischen Fingerprinting-Schemata muß somit zu jedem Kaufvorgang in einer Datenbank der entsprechende Steckbrief des zugehörigen Markierungsmusters sowie z.B. Name und Adresse des Käufers abgespeichert werden. Damit geht natürlich ein Verlust an Anonymität im Konsumverhalten der Käufer einher, der möglicherweise nicht wünschenswert oder akzepta-

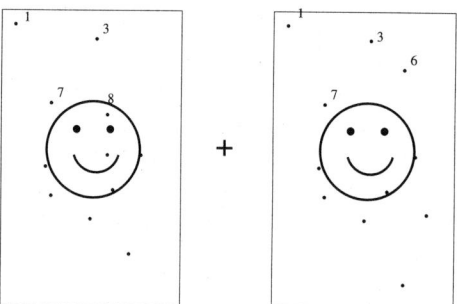

Markierungsmuster: 10100011... Markierungsmuster: 101001100...

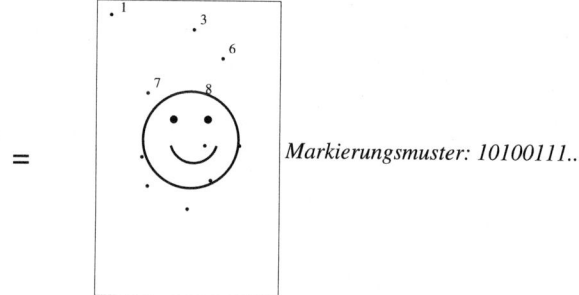

Markierungsmuster: 10100111...

Abb. 2: Erzeugung einer Raubkopie mit neuem Markierungsmuster

bel ist. Anonymes Fingerprinting ist eine Variante der asymmetrischen Fingerprinting-Schemata, die von B. Pfitzmann und M. Waidner in [34] vorgestellt wurde und diesem Mangel an Anonymität begegnet. Dazu werden Markierungsmuster in die Daten dergestalt eingebaut, daß sie die Identität des Käufers kodiert enthalten und daß auch nach einer Multiple-Dokumenten-Attacke genug Information über wenigstens einen der Betrüger in den modifizierten Daten enthalten ist, um die Identität dieses Betrügers daraus abzuleiten.

Während der Markierungsprozeß in diesen Schemata aufwendiger ist, sind die Nachweisverfahren für einen Betrug insbesondere gegenüber Dritten (z.B. Richter) einfacher.

1.3 Literatur

Ergebnisse betreffend symmetrischer Fingerprinting-Schemata und c-sicherer Codes werden in [6], [8] und [9], [35] und [38] vorgestellt. Asymmetrisches Fingerprinting wird in [32], [33] und [4] untersucht. Anonymes Fingerprinting wird in [34] vorgestellt und untersucht.

Eine verwandte Technik, genannt *Traitor Tracing*, wird in [14] vorgestellt. Traitor Tracing behandelt das Problem der Verbreitung verschlüsselter Broadcast-Daten: Datenblöcke werden verschlüsselt und zum Beispiel auf CD-ROM gespeichert. Dann wird für jeden Käufer eine Menge geeigneter Schlüssel für die Entschlüsselung der Daten erzeugt und verkauft. Die Wahl der individuellen Schlüsselmenge erlaubt es dem Verkäufer, einen Käufer zu identifizieren, falls dieser seine Schlüssel weitergibt und diese gefunden werden. Dies ist auch dann noch möglich, wenn mehrere unehrliche Käufer jeweils nur Teile ihrer Schlüsselmenge zusammensetzen, um eine neue daraus zu erzeugen. Während [14] den symmetrischen Fall untersucht, behandelt [31] den asymmetrischen.

In [18] wird eine weitere Technik, genannt *Digital Signet* vorgestellt, die verhindern soll, daß Käufer ihre Schlüssel zur Entschlüsselung von Broadcast-Daten weitergeben, indem diese in einer Weise gesichert werden, daß ihre Weitergabe mit der Preisgabe sensibler persönlicher Informationen (z.B. Kreditkartennummer des Copyright-Piraten) verbunden ist.

In [21] und [29] wird ein theoretisches Modell für kryptographischen Softwareschutz entwickelt.

1.4 Überblick

Im folgenden Abschnitt (Abschnitt 2) werden wir einige bekannte kryptographische Techniken erklären, die in der Konstruktion asymmetrischer Fingerprinting-Schemata benötigt werden.

In Abschnitt 3 werden wir die Modelle der symmetrischen, asymmetrischen und anonymen Fingerprinting-Schemata im Detail erklären. Darüber hinaus geben wir einen Überblick über die derzeitigen Erkenntnisse zu diesen Verfahren.

In Abschnitt 4 werden wir ein allgemeines Protokoll für asymmetrische Fingerprinting-Schemata basierend auf einem beliebigen gegebenen symmetrischen Fingerprinting-Schema skizzieren. Das Protokoll besteht aus zwei Phasen, einer *Codewort-Phase* und einer *Daten-Phase*. In der Codewort-Phase kooperieren Verkäufer und Käufer. Der Käufer erhält ein individuelles Markierungsmuster, und der Verkäufer erhält einen Steckbrief dieses Markierungsmusters, der ihm gestattet, das vollständige Markierungsmuster zu rekonstruieren und damit den Betrüger zu identifizieren, sofern eine Raubkopie gefunden wird. In der Daten-Phase erhält der Käufer die gemäß seinem individuellen Markierungsmuster markierte Version der Daten oder eine geeignete Menge von Schlüssel, mittels derer er durch Entschlüsselung von Daten z.B. auf CD-ROM seine individuell markierte Version der Daten erhalten kann. Die zuletzt genannte Variante ist besonders für Broadcast-Daten geeignet.

Abschließend erläutern wir ein allgemeines Protokoll für anonymes Fingerprinting in Abschnitt 5. Dieses Protokoll ist eine Variante der in [34] vorgestellten Methode.

2. Kryptographische Techniken

2.1 Private-Key Verschlüsselung

Daten werden verschlüsselt, um sie für Angreifer unlesbar über *unsichere*, d.h. abhörbare Kanäle (wie Postweg, Telefonleitungen, Internet) zu versenden. Die seit Jahrhunderten bekannte Verschlüsselungsmethode ist die *Private-Key Verschlüsselung*. Bei dieser kennen Absender und Empfänger einer Nachricht einen gemeinsamen, gegenüber anderen geheimgehaltenen Schlüssel, mittels dessen die Nachricht verschlüsselt und wieder entschlüsselt wird. Dieser geheime Schlüssel muß vorab auf sicherem Wege ausgetauscht werden. Bekanntes Beispiel eines Private-Key Verfahrens ist die Blockchiffre DES. Gängige Private-Key Verschlüsselungsverfahren erlauben eine rasche Ver- und Entschlüsselung. Wollen Mitglieder einer großen Gruppe gegenseitig Nachrichten verschlüsselt versenden, so muß vorab jedes Mitglied mit jedem anderen einen Schlüssel geheim auf sicherem Wege austauschen. Der damit verbundene Aufwand zum Austausch von Schlüsseln und zur Verwaltung geheimer Schlüssel ist ein großer Nachteil der Private-Key Verschlüsselung.

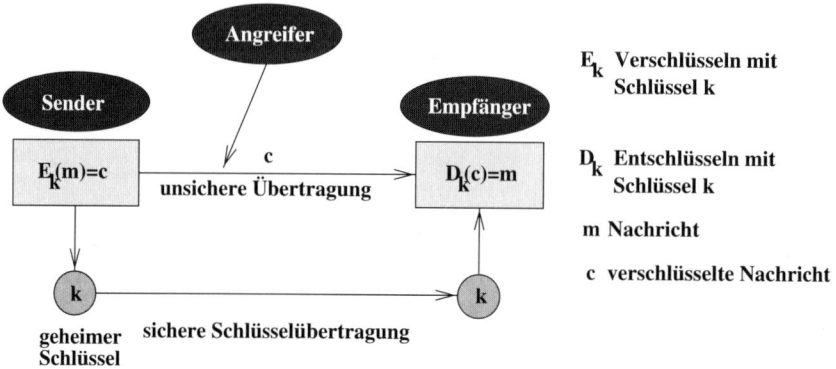

Abb. 3: Private-Key Verschlüsselung

2.2 Public-Key Verschlüsselung

W. Diffie und M.E. Hellman veröffentlichen 1976 in [17] die revolutionäre Idee, *asymmetrische Verschlüsselungsverfahren* zu entwickeln und zu verwenden, d.h. Verfahren, in denen zum Verschlüsseln und zum Entschlüsseln unterschiedliche Schlüssel notwendig sind und in denen die Kenntnis des Schlüssels für die Verschlüsselung allein nicht ausreicht, um verschlüsselte Daten wieder zu entschlüsseln. Der Schlüssel zum Verschlüsseln von Daten darf also öffentlich sein. Damit genügt es, wenn jedes Mitglied einer Gruppe ein Paar zusammengehöriger Schlüssel auswählt und den zur Verschlüsselung notwendigen Schlüssel veröffentlicht. Dieser Schlüssel wird *öffentlicher Schlüssel* genannt, während der Schlüssel zum Entschlüsseln geheim bleiben muß und *geheimer Schlüssel* genannt wird. Das bekannteste *Public-Key Verschlüsselungsverfahren* ist RSA. Der Vorteil der Public-Key Verschlüsselung gegenüber der Private-Key Verschlüsselung liegt darin, daß keine Schlüssel auf sicherem Wege ausgetauscht werden müssen und daß zu jedem Adressaten einer verschlüsselten Nachricht genau ein für alle Absender gleicher öffentlicher Verschlüsselungsschlüssel gehört. Allerdings sind Public-Key Verschlüsselungsverfahren in der Praxis weniger effizient als Private-Key Verschlüsselungsverfahren.

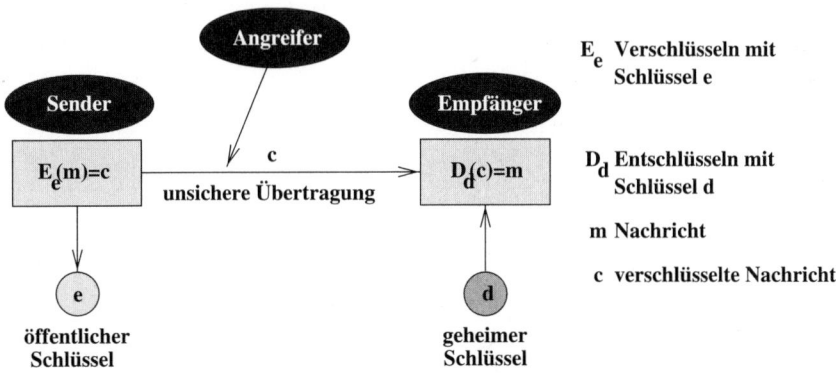

Abb. 4: Public-Key Verschlüsselung

2.3 Digitale Signaturen

Digitale Signaturen (digitale Unterschriften) dienen dazu, digitale Daten mit einer Information zu versehen, die zweifelsfrei den Ersteller dieser Information, den Unterzeichner, authentifiziert und damit ein Analogon zur handschriftlichen Unterschrift auf Papier bildet (s. [17]

und [25]). Ebenso wie in der Public-Key Verschlüsselungstechnik gibt es einen geheimen Schlüssel, den nur der Unterzeichner besitzt, und einen öffentlichen Schlüssel, der dem Unterzeichner zugeordnet ist. Der Unterzeichner verwendet nun seinen geheimen Schlüssel, um eine Nachricht digital zu signieren, d.h. er berechnet mittels seines geheimen Schlüssels einen Funktionswert der Nachricht. Dieser Wert kann mit Hilfe des öffentlichen Schlüssels daraufhin überprüft werden, ob er korrekt ist, d.h. ob er tatsächlich nur von demjenigen erstellt wurde, der in Besitz des zum öffentlichen Schlüssel passenden geheimen Schlüssels ist. Das als Public-Key Verschlüsselungsverfahren bekannte RSA-Verfahren kann wegen seiner speziellen Eigenschaften auch als Signaturverfahren verwendet werden und ist das bekannteste Beispiel für ein digitales Signaturverfahren.

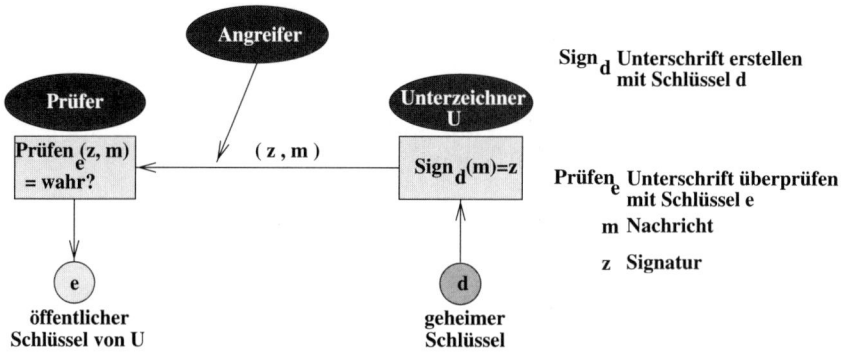

Abb. 5: Digitale Signaturverfahren

Aus Effizienzgründen wendet man aber vor der eigentlichen Signierfunktion eine sogenannte *kryptographische Hashfunktion* auf die zu signierenden Daten an. Diese liefert einen Datenblock konstanter Länge, unabhängig davon, wie groß die Ursprungsdaten waren, und hat die wichtige Eigenschaft, daß es praktisch unmöglich ist, zwei Eingabetexte zu finden, die zum gleichen Ergebnis (*Hashwert*) unter der Hashfunktion und damit zum gleichen Signaturwert nach Anwendung der Signierfunktion führen.

2.4 Vertrauenswürdige Parteien

Die Public-Key Technik bietet bei Public-Key Verschlüsselungsverfahren und digitalen Signaturen den Vorteil, daß jemand, der an eine andere Person eine Nachricht verschlüsselt übersenden möchte oder eine digitale Signatur einer anderen Person überprüfen möchte, nicht vorab in Kontakt mit dieser anderen Person getreten sein muß. Es genügt, wenn die öffentlichen Schlüssel in einem öffentlich zugänglichen Verzeichnis abgelegt sind. Wichtig dabei ist natürlich, daß die öffentlichen Schlüssel, die man aus einem solchen Verzeichnis entnehmen kann, auch korrekt sind. Um ihnen also vertrauen zu können, ist es sinnvoll, die Verwaltung dieser Verzeichnisse einer *vertrauenswürdigen Partei* (*Trusted Authority*) zu übertragen, die Schlüssel in ihr Verzeichnis nur nach Korrektheitsüberprüfung aufnimmt und mit einem *Zertifikat*, einer von ihr selbst ausgestellten digitalen Signatur zur Bestätigung der Korrektheit, versieht. Der öffentliche Schlüssel zum Überprüfen der Zertifikate der vertrauenswürdigen Partei wird auf sicherem Wege öffentlich gemacht, z.B. durch Aushang in Behörden. Benötigt man einen öffentlichen Schlüssel einer anderen Person, so fordert man ihn vom Verzeichnis der vertrauenswürdigen Partei an und testet die Korrektheit des angehängten Zertifikats.

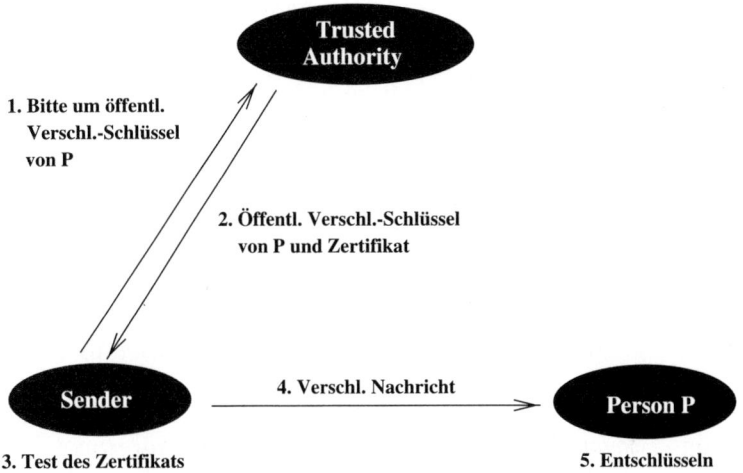

Abb. 6: Vertrauenswürdige Partei

2.5 Bit-Commitment-Schemata

Eine für die Konstruktion neuer Protokolle relevante Technik sind die *Bit-Commitment-Schemata*. Diese bestehen aus zwei Protokollen zwischen zwei Kommunikationspartnern Alice und Bob. Im *Festlegungsprotokoll* legt sich Alice auf einen Wert $b = 0$ oder $b = 1$ fest, indem sie Bob eine Art Verschlüsselung dieses Wertes $BC(r, b)$, genannt *Blob*, sendet (kurz $BC(b)$). Dabei ist r eine zufällig gewählte Bit-Folge, und

BC ist eine Funktion in zwei Variablen. Wird der erste Parameter zufällig gewählt, so ist das Ergebnis ebenfalls zufällig. Bob ist nicht in der Lage, ohne Kenntnis von r anhand von $BC(r,b)$ rauszufinden, auf welchen Wert sich Alice damit festgelegt hat. In dem zweiten Protokoll, dem *Offenlegungsprotokoll*, kann Alice dann Bob das gewählte Bit zeigen und nachweisen, daß sie sich tatsächlich zu Anfang auf dieses Bit festgelegt hat. Sie kann im nachhinein nicht mehr ihre ursprüngliche Wahl verleugnen (s. z.B. [20]).

Wir werden in dem in Abschnitt 4.2 vorgestellten Protokoll sogenannte *Trapdoor-Bit-Commitment-Schemata* verwenden, d.h. BC ist im wesentlichen ein Public-Key Verschlüsselungsverfahren, von dem Alice den geheimen und Alice und Bob den öffentlichen Schlüssel kennen. Somit kann Bob ebenfalls Bits verschlüsseln, und Alice kann stets das verschlüsselte Bit b berechnen, wenn sie ein $c=BC(r,b)$ erhält. Ein Beispiel für ein Trapdoor-Bit-Commitment-Schema ist das Quadratische-Reste-Bit-Commitment-Schema (s. z.B. [4]).

2.6 Zero-Knowledge-Protokolle

Zero-Knowledge-Protokolle (s. [24]) sind ein weiterer Baustein, den wir in unseren Konstruktionen einsetzen werden.

In Protokollen, die die Zero-Knowledge Eigenschaft haben, gibt es zwei Kommunikationspartner: Der *Prover* ist in der Lage, den *Verifier* davon zu überzeugen, daß er (der Prover) im Besitz eines bestimmten Geheimnisses ist, ohne daß der Verifier oder jemand, der die Kommunikation abhört, irgendwelche Information über dieses Geheimnis dabei erfahren.

Zero-Knowledge-Protokolle spielen eine große Rolle in der Theorie bei der Konstruktion sicherer kryptographischer Protokolle. Sie können zum Beispiel im folgenden Kontext verwendet werden: Eine Partei, der Prover, legt sich mittels eines Bit-Commitment-Schemas auf einen Wert x fest, der eine logische Formel p erfüllt, d.h. $p(x)=1$. Da die zweite Partei, der Verifier, nur den verschlüsselten Wert von x sieht, kann er nicht überprüfen, ob der Prover tatsächlich ein x kennt, das $p(x)=1$ erfüllt. Um den Verifier zu überzeugen, kann ein Zero-Knowledge-Protokoll verwendet werden, in dem der Prover dem Verifier beweist, daß der verschlüsselte Wert tatsächlich die gewünschte Eigenschaft hat.

In unserer Anwendung sind Käufer und Verkäufer probabilistische Turing Maschinen mit beschränkten Ressourcen (im theoretischen Sinne). Daher betrachten wir das Zero-Knowledge-Protokoll-Modell, das in [36] eingeführt wurde, genannt *Zero-Knowledge-Argument-Protokoll*, in dem beide Kommunikationspartner polynomzeit-beschränkte probabilistische Turing Maschinen mit Zusatzeingabe sind.

Man kann zeigen, daß es Protokolle mit der Zero-Knowledge-Eigenschaft für alle Sprachen in NP gibt, sofern es sichere Verschlüsselungsfunktionen gibt (s. [23]).

2.7 ANDOS-Protokolle mit vorheriger Festlegung

Angenommen, Alice besitzt zwei geheime, t Bits lange Zeichenketten s_0 und s_1. Sie möchte, daß Bob genau eines der Geheimnisse erfährt, während sie selbst aber nicht wissen darf, welches sie preisgibt. Ein Protokoll, das dies realisiert, wird ANDOS-*Protokoll (all-or-nothing disclosure of secrets)* (s. [10]) genannt. In einem ANDOS-*Protokoll mit vorheriger Festlegung* (commited ANDOS, CANDOS) muß sich Bob zu Beginn des Protokolls auf die Nummer des zu erfahrenden Geheimnisses festlegen, dann erfährt er genau dieses Geheimnis, während Alice nicht weiß, welches sie verraten hat.

CANDOS-Protokolle können leicht konstruiert werden mittels eines Bit-Commitment-Schemas, eines ANDOS-Protokolls, eines sicheren Verschlüsselungsverfahrens Enc und Zero-Knowledge-Protokollen: Bob muß sich zu Beginn mittels eines Blobs $BC(b)$ des Commitment-Schemas auf seine Wahl $b \in \{0,1\}$ festlegen. Dann wählt Alice einen zufälligen Verschlüsselungsschlüssel k und verschlüsselt beide Geheimnisse mit diesem Schlüssel zu $\mathrm{Enc}_k(s_0)$ und $\mathrm{Enc}_k(s_1)$. Daraufhin wird das ANDOS-Protokoll auf diesen Werten durchgeführt. Am Ende des Protokolls kennt Bob einen Wert $\mathrm{Enc}_k(s_c)$, während Alice nicht weiß, welchen. Er muß dann Alice mittels eines Zero-Knowledge-Protokolls beweisen, daß er $\mathrm{Enc}_k(s_c)$ erfahren hat mit $b=c$. Wenn er Alice überzeugt, sendet sie ihm den Schlüssel k und Bob berechnet s_b.

2.8 Multiparty-Computation-Protokolle

Sichere Multiparty-Computation-Protokolle erlauben einer vorgegebenen Menge von Teilnehmern $P_1, \ldots P_k$ mit Geheimnissen $s_1, \ldots s_k$, gemeinsam einen Wert $c = f(s_1, \ldots s_k)$ zu berechnen, wobei f eine beliebige effizient berechenbare Funktion ist. Das Protokoll stellt sicher, daß kein Teilnehmer mehr über die Eingaben der anderen Teilnehmer erfährt, als aus dem Funktionsergebnis und der eigenen Eingabe ableitbar ist.

Ben-Or, Goldwasser und Widgerson ([2]) ebenso wie Chaum, Crépeau und Damgård ([12]) zeigen, daß es (unter schwachen Annahmen) für jede in Polynomzeit berechenbare Funktion f ein sicheres Multiparty-Computation-Protokoll gibt. Dieses Ergebnis bedeutet, daß alle Berechnungen, die von mehreren Parteien mit jeweils eigenen Eingaben durchgeführt werden können, auch gewissermaßen verschlüsselt durchführbar sind, so daß am Ende der Berechnung nur das Berechnungsergebnis allen bekannt ist.

Im folgenden wird diese Technik als Baustein in Fingerprinting-Protokollen eingesetzt. In unserem Spezialfall gibt es nur zwei Parteien, Verkäufer und Käufer. Am Ende der Berechnung soll jeder ein gegenüber der anderen Partei geheimes Ergebnisse erhalten. Dies ist mittels eines sicheren Multiparty-Computation-Protokolls realisierbar: Die berechnete Funktion hat als Ergebnis ein Paar von Werten. Der erste Wert ist das für den Verkäufer relevante Ergebnis, verschlüsselt und nur für den Verkäufer lesbar. Entsprechend ist der zweite Wert das dank Verschlüsselung nur für den Käufer lesbare Ergebnis. Somit erfährt jeder der beiden Teilnehmer nur das für ihn bestimmte Ergebnis.

3. Die Fingerprinting-Modelle

Wir verwenden das Modell, das von D. Boneh und J. Shaw in [8] vorgeschlagen wurde. Wir nehmen an, daß Markierungen mittels einer Technik erfolgen, die die Nützlichkeit der veränderten Daten für den Käufer nicht vermindert und die ohne drastischen Qualitätsverlust so gut wie nicht entfernbar sind durch einen Copyright-Piraten, sofern er das Original nicht kennt (*Markierungsannahme*).

3.1 Symmetrisches Fingerprinting

Um dem Problem der Multiple-Dokumenten-Attacke zu begegnen, werden Lösungen in [6] vorgeschlagen, die nur für kleine Kollusionen geeignet sind. In [8] und [9] werden von D. Boneh und J. Shaw die bisher effizientesten (d.h. geringste Anzahl notwendiger Markierungen) kollusions-sicheren Fingerprinting-Schemata vorgestellt.

Ein *Code* mit n Codeworten der Länge ℓ ist eine Menge von n Zeichenketten der Länge ℓ über einem endlichen Alphabet. Ein *binärer Code* ist ein Code über dem Alphabet $\{0, 1\}$, d.h. die Codeworte sind Folgen von Nullen und Einsen.

Wie bereits erwähnt, gehen wir davon aus, daß die Daten in t Blöcke eingeteilt sind und daß es jeweils zwei Versionen jedes Blocks gibt, eine *unmarkierte Version* und eine *markierte Version*. Das Markierungsmuster, gemäß dem die t Blöcke einer individuellen Käufer-Kopie markiert sind oder nicht, kann als ein binäres Codewort der Länge t betrachtet werden.

Angenommen, eine Koalition C von höchstens c Käufern vergleicht ihre individuellen Kopien der Daten und konstruiert daraus eine neue Version, deren Markierungsmuster x der Länge ℓ verschieden von den Mustern y_i in ihren individuellen Kopien ist. Da nur an den Stellen eine Markierung erkannt werden kann, wo wenigstens eines der Koalitionsmitglieder keine Markierung und wenigstens eines eine Markierung vorliegen hat, können die entstehenden Markierungsmuster als erreichbare Worte bezüglich der Menge der Markierungsmuster $Y = \{y_1, \ldots y_t\}$ charakterisiert werden: Gegeben eine Menge $Y = \{y_1, \ldots y_t\}$ von ℓ Bits langen Worten. Ein Wort x heißt *erreichbar*, falls es an jeder Stelle mit wenigstens einem der Worte aus Y übereinstimmt.

Wenn das Fingerprinting-Schema absolut sicher ist gegenüber Kollusionen von höchstens c Betrügern, bildet die Menge aller Markierungsmuster einen sogenannten *c-sicheren Code*. Für $c \geq 2$ und $n \geq 3$ gibt es keine c-sicheren Codes, die absolute Sicherheit für unschuldige Käufer garantieren (s. [8]).

Erlaubt man eine Fehlerwahrscheinlichkeit $0 < \varepsilon < 1$ dafür, daß unschuldige Käufer irrtümlich unter Verdacht geraten, so ist es nach dem Konstruktionsverfahren von D. Boneh und J. Shaw möglich, *c-sichere Fingerprinting-Schemata mit ε-Fehler* zu konstruieren, deren Markierungsmusterlänge polynomiell beschränkt ist in $\log(1/\varepsilon)$ und $\log(n)$, wobei n die maximale Anzahl von möglichen Käufern ist. (Verwandte Arbeiten finden sich in [35] und [38].)

Ein Fingerprinting-Schema heißt *c-sicher mit ε-Fehler*, wenn es einen Tracing-Algorithmus A gibt, der es dem Verkäufer erlaubt, aus einem erreichbaren Wort x, entstanden aus einer Menge C von maximal c Markierungsmustern, mittels der Kenntnis der Konstruktionsdetails der Markierungsmuster wenigstens ein $u \in C$ mit Wahrscheinlichkeit $1 - \varepsilon$ zu identifizieren. (Da Verkäufer als auch Käufer als probabilistische Turing Maschinen zu betrachten sind, die Entscheidungen bei einer Berechnung zufällig treffen können, wird dabei eine Wahrscheinlichkeitsverteilung durch die zufälligen Entscheidungen des Verkäufers und der Mitglieder der Kollusion induziert.) Die Wahrscheinlichkeit, daß ein unschuldiger Käufer dabei irrtümlicherweise beschuldigt wird, muß ebenso wie die Wahrscheinlichkeit, keinen Betrüger zu identifizieren, durch ε beschränkt sein.

1 Definition

Ein symmetrisches (ℓ, n) Fingerprinting-Schema *(oder kurz* Fingerprinting-Schema*) ist ein Paar* (Γ, A)*, wobei* $\Gamma(R, r)$ *eine Funktion ist, die zwei zufällige Bit-Folgen R und r auf ein Codewort in Σ^ℓ abbildet. (Die Zeichenketten R und r müssen vor den Käufern geheimgehal-*

ten werden.) A ist eine probabilistische polynomzeit-beschränkte Turing Maschine zur Identifikation eines Betrügers.

(Γ, A) ist c-sicher mit ε-Fehler, wenn A die folgende Eigenschaft hat: Wenn R zufällig ist und eine Koalition von höchstens c Käufern mit Codeworten $\Gamma(R, r_1) \ldots \Gamma(R, r_c)$ ein erreichbares Wort $x \in \{0,1\}^\ell$ erzeugt, dann findet A bei Eingabe x und R mit Wahrscheinlichkeit von mindestens $1-\varepsilon$ ein $\Gamma(R, r_i)$ $(1 \leq i \leq c)$. (Die Wahrscheinlichkeitsverteilung wird induziert durch die zufällige Auswahl der Bit-Folgen R, r_i und die zufällige Auswahlen durch die Koalition.)

Für jedes feste R heißt die Menge aller Zeichenfolgen $\Gamma(R, r)$ für alle zufälligen Bit-Folgen r das Codebuch von $\Gamma(R)$. Seine Elemente sind die Codeworte.

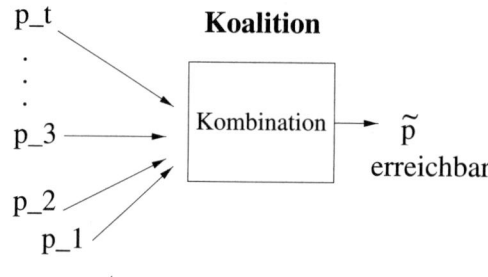

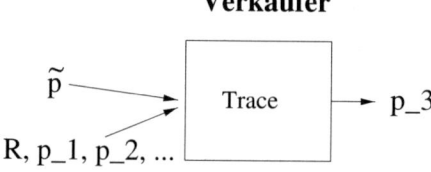

Abb. 7: Tracing-Algorithmus

Gegeben ein c-sicheres (ℓ, n)-Fingerprinting-Schema mit δ-Fehler, so kann man ein c-sicheres $(\ell L, N)$-Fingerprinting-Schema mit ε-Fehler für eine Menge von $N > n$ Käufern konstruieren, indem hinreichend viele $(L \geq 1)$ zufällig gewählte Codeworte aus Γ konkateniert werden. Der folgende Satz verallgemeinert Theorem 17 in [8].

2 Satz
Sei $L \in \mathbb{N}$, $0 < \varepsilon \leq 1$ und bezeichne $\circ$ die Konkatenation von Zeichenketten. Sei (Γ, A) ein d-sicheres symmetrisches Fingerprinting-Schema mit n Codeworten, δ-Fehler, Codewort-Länge $\ell(n, d, \delta)$ und Tracing-Algorithmus A. Wenn $L \geq 4(c-1)\log(4N/\varepsilon)$, $\delta \leq \varepsilon/2L$, $n \geq 2c$

und $d \geq c$ gelten, so erhält man ein c-sicheres Fingerprinting-Schema (Γ', A') mit ε-Fehler, N Codeworten und Codewortlänge $\ell = L \cdot \ell(n, d, \delta)$ wie folgt:

In der Initialisierungsphase werden (identisch für alle Käufer) unabhängig zufällige Bit-Folgen $R_1, \ldots R_L$ gewählt, für jeden Käufer werden Zufallsstring $r_1, \ldots r_L$ individuell gewählt. Das individuelle Markierungsmuster für einen Käufer ist dann

$$\Gamma'(R_1 \ldots R_L, r_1 \ldots r_L) = \Gamma(R_1, r_1) \circ \ldots \circ \Gamma(R_L, r_L).$$

Wir nennen Γ den *low-level Code* des Fingerprinting-Schemas. Die c-Sicherheit basiert auf der Geheimhaltung der zufälligen Bit-Folgen $R_1, \ldots R_L$.

Gegeben ein Markierungsmuster, das in einer illegalen Kopie der Daten gefunden wurde, wird der Tracing-Algorithmus A zunächst auf jedes der L Teilstücke angewendet. Daraus ergibt sich jeweils ein Codewort in $\Gamma(R_i)$ mit Wahrscheinlichkeit $1-\delta$. Da Γ ein d-sicheres symmetrisches Fingerprinting-Schema mit δ-Fehler ist, stimmen die abgeleiteten Codeworte mit hoher Wahrscheinlichkeit mit dem entsprechenden low-level Codewort im persönlichen Markierungsmuster von wenigstens einem der Betrüger überein. Das Ergebnis ist eine Folge von Codeworten $\overline{w} = w_1, \ldots w_\ell$. Wenn eine Koalition von höchstens c Betrügern das Markierungsmuster erzeugt hat, dann gibt es wenigstens einen Betrüger, dessen individuelles Markierungsmuster mit $\overline{w}$ in wenigstens L/c low-level Codeworten übereinstimmt. Andererseits ist die Wahrscheinlichkeit gering (höchstens ε), daß $\overline{w}$ mit dem individuellen Markierungsmuster eines unschuldigen Käufers in wenigstens L/c low-level Codeworten übereinstimmt. Der Tracing-Algorithmus A' besteht daher aus der L-fachen Anwendung von A und der Identifikation der Käufer, bei denen sich wenigstens L/c Übereinstimmungen der low-level Codeworte in ihren Markierungsmustern mit den durch A berechneten low-level Codeworten ergibt.

D. Boneh und J. Shaw zeigen, daß das folgende Fingerprinting-Schema c-sicher mit δ-Fehler für $n = c$ Käufer ist (mit $n \geq 3$, $\delta > 0$): Es wird ein Basiscode Φ verwendet, dessen $i$tes Codewort e_i die Form $e_i = 0^{d \cdot i} 1^{d \cdot (n-1-i)}$ mit $d = \lceil 2n^2 \log(2n/\delta) \rceil$ hat ($\ell = d(n-1)$). Für $\delta = 3/4$, $n = 3$ haben wir z.B. $d = 54$, und der Basiscode Φ hat die Form

$$\begin{aligned} e_0 &= 11\ldots111\ldots1 \\ e_1 &= 00\ldots011\ldots1 \\ e_2 &= \underbrace{00\ldots0}_{d\text{-mal}}\underbrace{00\ldots0}_{d\text{-mal}} \end{aligned}$$

In der Initialisierungsphase wählt der Verkäufer zufällig eine Permutation $\pi \in S_\ell$, d.h. eine Permutation der Zahlen $\{1, \ldots \ell\}$ und hält diese Permutation geheim. Für einen Käufer u wählt er ein Codewort c_u des Basiscodes Φ und verwendet als Markierungsmuster $\pi(c_u)$, wobei $\pi(c_u)$ die Permutation der Bitfolge von c_u bezeichnet. (Der Basiscode und c_u dürfen dem Käufer bekannt sein.) Ein geeigneter Tracing-Algorithmus für dieses Schema findet sich in [8].

D. Boneh und J. Shaw wenden die Konstruktion in Satz 2 auf dieses c-sichere Fingerprinting-Schema für c Käufer an, um ein c-sicheres Fingerprinting-Schema für eine Gruppe von N Käufern ($N > c$) zu konstruieren. Der Verkäufer wählt dazu zufällig L Permutationen $\pi_1, \ldots \pi_L$ (mittels zufälliger Bit-Folgen $R_1, \ldots R_L$) in der Initialisierungsphase und für jeden Käufer L zufällige Codeworte aus Φ. Dann wird das individuelle Markierungsmuster durch Anwendung der jeweiligen Permutation π_i auf die L Codeworte und Konkatenation der Ergebnisse erzeugt. Das daraus resultierende symmetrische Fingerprinting-Schema ist das effizienteste Fingerprinting-Schema, das bisher bekannt ist.

3 Satz
Gegeben $N, c \in \mathbb{N}$, $N > c$, $\varepsilon > 0$, seien $n = 2c$, $L = \lceil 4(c-1)\log(4N/\varepsilon) \rceil$ und $d = \lceil 2n^2 \log(4nL/\varepsilon) \rceil$. Dann gibt es ein c-sicheres (symmetrisches) Fingerprinting-Schema mit ε-Fehler für N Käufer mit Markierungsmusterlänge

$$l = Ldn = kc^4 \log(N/\varepsilon) \log(1/\varepsilon)$$

für eine kleine Konstante k, die nicht von N, c und ε abhhängt.

Eine weitere, weniger effiziente Konstruktionsmethode, die von D. Boneh und J. Shaw für c-sichere Fingerprinting-Schemata mit ε-Fehler für N Käufer aufbauend auf Schemata für $n < N$ Käufer vorgestellt wurde (s. [9]) ähnelt der Konstruktion in Satz 2, wählt aber die low-level Codeworte gemäß eines fehlerkorrigierenden Codes statt einer zufälligen Codewortwahl aus.

3.2 Asymmetrisches Fingerprinting

In [32] wird ein allgemeines Modell für das asymmetrische Fingerprinting vorgestellt. In einem *asymmetrischen Fingerprinting-Schema* müssen Verkäufer und Käufer in einem *Fingerprinting-Protokoll* so zusammenarbeiten, daß am Ende der Käufer eine individuell markierte Version der Daten besitzt und der Verkäufer das dabei eingebaute Markierungsmuster nicht kennt, sondern nur eine Art Steckbrief davon erhalten hat.

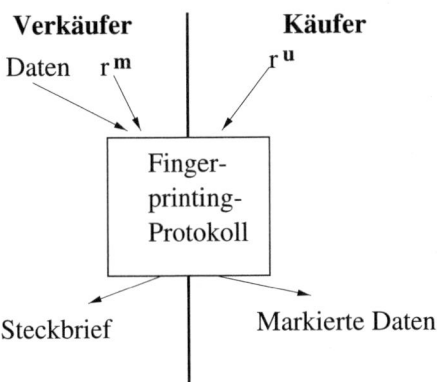

Abb. 8: Fingerprinting-Protokoll

Wenn es eine Koalition von höchstens c Käufern gibt, die eine Version der Daten aus ihren Versionen konstruiert und weiterverbreitet, dann kann wenigstens ein Mitglied dieser Koalition mit hoher Wahrscheinlichkeit identifiziert werden mittels eines *Tracing-Algorithmus*, sobald eine Raubkopie gefunden wird.

Außerdem gibt es ein Multiparty-Protokoll, das *Anklage-Protokoll* zwischen dem Verkäufer, einer dritten Partei, genannt *Richter*, mittels dessen ein Betrüger gegenüber dem Richter überführt werden kann. In dieses Protokoll dürfen bis zu c Käufer eingebunden sein. Die Wahrscheinlichkeit, daß ein unschuldiger Käufer schuldig befunden wird, ist dabei höchstens ε. Die Wahrscheinlichkeit, daß eine Koalition von höchstens c Käufern eine illegale Version der Daten erzeugt und kein Mitglied diese Koalition entdeckt und für schuldig befunden wird, ist ebenfalls höchstens ε.

In [32] wird gezeigt, wie ein asymmetrisches Fingerprinting-Schema konstruiert werden kann mittels eines sicheren Multiparty-Protokolls und eines speziellen *erinnerungslosen* symmetrischen Fingerprinting-Schemas.

In [4] und [33] werden Techniken vorgestellt zur Konstruktion von asymmetrischen Fingerprinting-Schemata basierend auf einem beliebigen symmetrischen Fingerprinting-Schema (*generische Konstruktion*).

3.3 Anonymes Fingerprinting

Wir setzen voraus, daß es eine zentrale Instanz, *Registrierzentrum*, gibt und daß der öffentliche Schlüssel zum Überprüfen einer Signatur des Registrierzentrums dem Verkäufer bekannt ist. Ein Käufer muß sich vor einem Kauf bei diesem Registrierzentrum mittels eines *Registrierungsprotokolls* registrieren lassen. Dabei muß er seine Identität gegenüber dem Zentrum beweisen und erhält eine Menge von Nummern, die vom Zentrum signiert sind. Wir nennen im folgenden diese Nummern ID-Werte. Sie werden beim Zentrum registriert und enthalten keine direkt ableitbare Information über den Käufer. Anhand eines ID-Wertes kann aber das Registrierzentrum einen zugehörigen Käufer ermitteln.

Beim Kauf setzt der Käufer im *Fingerprinting-Protokoll* einen solchen ID-Wert ein, um das individuelle Markierungsmuster zu erzeugen. Der Verkäufer wiederum erhält einen Steckbrief des Markierungsmusters. Während dieses Multiparty-Protokolls muß der Käufer mittels der Zero-Knowledge-Technik beweisen, daß der von ihm eingefügte Wert tatsächlich ein ID-Wert ist, d.h. vom Registrierzentrum signiert wurde.

Im Falle, daß der Verkäufer eine illegale Kopie der Daten findet, wird mittels des Tracing-Algorithmus das Markierungsmuster eines Betrügers rekonstruiert. Dabei handelt es sich um einen ID-Wert, der signiert wurde vom Registrierzentrum. Legt der Verkäufer diesen beim Registrierzentrum vor, so kann dieses nachprüfen, an wen dieser Wert vergeben wurde. (Für weitere Details s. [34].)

4. Ein asymmetrisches Fingerprinting-Schema

4.1 Allgemeine Protokollstruktur

In [32] werden asymmetrische Fingerprinting-Schemata aufbauend auf speziellen symmetrischen Fingerprinting-Schemata konstruiert. In [33] und [4] werden Verfahren vorgestellt, die auf jedes beliebige symmetrische Fingerprinting-Schema aufbauen können. Wir erklären hier das in [4] vorgestellte Schema, das aus zwei Phasen besteht.

Sei $0 < \varepsilon < 1$ eine obere Schranke für die tolerierbare Fehlerwahrscheinlichkeit. In der ersten Phase, der *Codewort-Phase*, einigen sich Verkäufer und Käufer auf ein Markierungsmuster. Dabei erfährt der Verkäufer nur einen Steckbrief des Markierungsmusters, um zu verhindern, daß er selbst Raubkopien erzeugen kann, für die der Käufer dann verantwortlich gemacht werden könnte. Nach der Codewort-Phase ist der Käufer auf ein Markierungsmuster festgelegt. In der zweiten Phase, der *Daten-Phase*, erhält der Käufer markierte und unmarkierte Blöcke genau gemäß dieses Markierungsmusters. Es gibt mehrere Möglichkeiten sicherzustellen, daß der Käufer genau das Markierungsmuster erhält, auf das er sich in der ersten Phase festgelegt hat. Man kann dazu Zero-Knowledge-Protokolle oder ein CANDOS-Protokoll verwenden, wobei der Käufer sich auf die Bits des Markierungsmusters in der Codewort-Phase festlegt. S. [31] Konstruktion 2 für eine effiziente Methode, dies im Falle von Schwarzweißbildern als Daten zu erreichen.

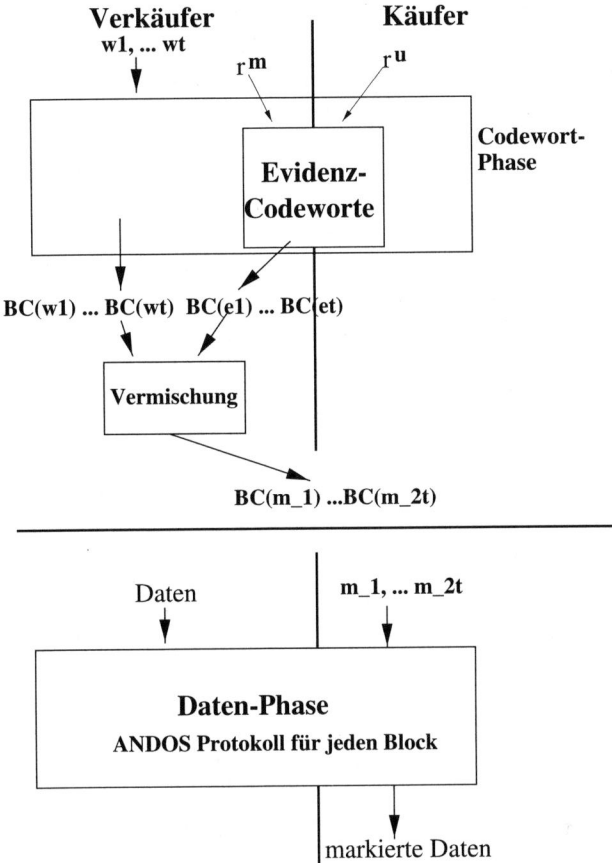

Abb. 9: Asymmetrisches Fingerprinting

4.2 Codewort-Phase

Auf der Basis eines beliebigen symmetrischen Fingerprinting-Schemas mit δ-Fehler für bis zu n Käufer konstruieren wir im folgenden ein c-sicheres asymmetrisches Fingerprinting-Schema für N Käufer mit einer Fehlerwahrscheinlichkeit von höchstens ε.

In der Konstruktion wird ein sicheres Multiparty-Computation-Protokoll verwendet (s. [1], [13]), mittels dessen Käufer und Verkäufer ein zufälliges Markierungsmuster bestehend aus $2t$ low-level Codeworten des symmetrischen Fingerprinting-Schemas berechnen, wovon der Verkäufer genau die Hälfte als Steckbrief erfährt. Diese t Codeworte sind ausreichend, um einen unehrlichen Käufer beim Auffinden einer Raubkopie zu identifizieren, und werden *Identifikationscodeworte* genannt. Die restlichen t Codeworte, genannt *Evidenzcodeworte*, kennt der Verkäufer nicht. Sie verhindern, daß der Verkäufer eine Version der Daten erstellt, die als Raubkopie dieses Käufers betrachtet werden könnte.

Im Falle einer Anklage muß der beschuldigte Käufer die Eingaben offenlegen, die er in das Protokoll eingebracht hat, damit das in dieser Codewort-Phase berechnete Markierungsmuster rekonstruiert und mit dem in der Raubkopie gefundenen Muster verglichen werden kann. Die Wahrscheinlichkeit dafür, daß ein unehrlicher Verkäufer hinreichend viele der ihm unbekannten t Codeworte raten könnte, um einen ehrlichen Verkäufer unter Verdacht zu bringen, läßt sich bei geeigneter Wahl des Parameters t durch ε beschränken (s. [4]).

Wir verwenden das Konstruktionsprinzip aus Satz 2. Gegeben eine d-sichere symmetrisches Fingerprinting-Schema Γ mit δ-Fehler und n Codeworten. Wählt man zufällig $2t$ Codeworte von Γ und konkateniert diese, so erhält man nach Satz 2 ein c-sicheres Fingerprinting-Schema mit ε-Fehler für eine größere Menge von N Käufern, sofern t hinreichend groß gewählt wurde. In unserer Anwendung modifizieren wir den Tracing-Algorithmus aus Satz 2 wie folgt: Der Verkäufer vergleicht die t Bruchstücke des in der Raubkopie gefundenen Markierungsmusters mit den t ihm jeweils bekannten Codeworten jeder verkauften Version. Wenn wenigstens $t/2c$ Übereinstimmungen auftreten, ist der entsprechende Käufer verdächtig. Wenn außerdem nach Offenlegung des gesamten Original-Markierungsmusters durch diesen Käufer wenigstens $2t/c$ Übereinstimmungen in den $2t$ Codeworten auftreten, dann ist der Käufer mit Wahrscheinlichkeit $1-\varepsilon$ an der Erstellung der Raubkopie beteiligt gewesen. Die Parameter t und n müssen groß genug sein, um garantieren zu können, daß die Wahrscheinlichkeit, daß ein böswilliger Verkäufer hinreichend viele der t ihm unbekannten Codeworte im individuellen Muster eines Käufers raten kann, durch ε beschränkt ist.

Seien Sign_M (bzw. Sign_B) das Signaturverfahren und Enc_M ein sicheres Verschlüsselungsverfahren des Verkäufers (bzw. des Käufers). Sei BC_B das dem Käufer bekannte Trapdoor-Bit-Commitment-Schema des Käufers.

Initialisierung:

Seien $c \geq 2$, $t \geq 2(c-1)\log(8N/\varepsilon)$. Der Verkäufer wählt ein d-sicheres symmetrisches Fingerprinting-Schema Γ mit δ-Fehler und n Codeworten, wobei $n \geq 40c$, $\delta \leq \varepsilon/8t$ und $d \geq c$ gelten. Er wählt eine Permutation π der Menge $\{1,\ldots 2t\}$ und $2t$ zufällige Bit-Folgen $R_1,\ldots R_{2t}$. Die Permutation und die Bit-Folgen sind für alle Käufer die gleichen und sind geheimzuhalten. Der Verkäufer verschlüsselt diese Werte und veröffentlicht die verschlüsselten Werte. Damit wird sichergestellt, daß er diese nicht im Nachhinein ändern kann und damit in einem Anklage-Protokoll betrügen kann.

Fingerprinting-Protokoll:

1. Der Verkäufer wählt zufällig t Bit-Folgen $r_{t+1},\ldots r_{2t}$ und bildet t Identifikationscodeworte $w_i = \Gamma(R_i, r_i)$ für $t+1 \leq i \leq 2t$.
2. Der Käufer u bildet einen Text con, der die Details des Kaufvertrags enthält und wählt geheime, zufällige Bit-Folgen $r_1^u,\ldots r_t^u$. Der Verkäufer wählt ebenso geheime, zufällige Bit-Folgen $r_1^m,\ldots r_t^m$. Sei $r_i = r_i^u \oplus r_i^m$ für $1 \leq i \leq t$, $r = r_1 \circ \ldots \circ r_t$, $r^u = r_1^u \circ \ldots \circ r_t^u$ und $r^m = r_1^m \circ \ldots \circ r_t^m$. Dann berechnen Käufer und Verkäufer mittels eines sicheren Multiparty-Computation-Protokolls $\text{Sign}_B(\text{BC}_B(r^u) \circ con)$, $\text{Enc}_M(\text{BC}_B(\Gamma(R_1,r_1))),\ldots \text{BC}_B(\Gamma(R_t,r_t)))$, $\text{Sign}_M(\text{Enc}_M(r^m) \circ con)$ und con. Somit erfahren weder Verkäufer noch Käufer die Evidenzcodeworte, die aus den zufällige Zeichenfolgen $r_1,\ldots r_t$ berechnet wurden, und nur der Verkäufer erfährt $f_i = \text{BC}_B(\Gamma(R_i,r_i))$ für $1 \leq i \leq t$. Für konkrete c-sichere Codes gibt es effizientere Verfahren, dies zu erreichen (s. [4]).
3. Der Verkäufer verschlüsselt seine Identifikationscodeworte gemäß dem Bit-Commitment-Schema des Käufers zu $f_{t+1},\ldots f_{2t} = \text{BC}_B(w_1),\ldots \text{BC}_B(w_t)$ und permutiert die Bit-Commitment-Werte der Identifikations- und Evidenzcodeworte gemäß der Permutation π. Das Ergebnis ist ein Bit-Commitment $\overline{f} = f_{\pi(1)},\ldots f_{\pi(2t)}$ des Markierungsmusters $\overline{m} = m_1\ldots m_{2t}$ für den Käufer u. Der Verkäufer sendet $\overline{f}$ und $\text{Sign}_M(\overline{f} \circ con)$ an den Käufer.
4. Der Käufer überprüft die Signatur, öffnet die Bit-Commitments und erhält damit sein Markierungsmuster. Dann sendet er $S = \text{Sign}_B(\overline{f} \circ con)$ als Quittung an den Verkäufer, der wiederum die Signatur des Käufers überprüfen muß.

Tracing-Algorithmus:

Sei $\tilde{p}$ das Markierungsmuster einer gefundenen illegalen Kopie. Der Verkäufer wendet das Tracingverfahren des zugrunde liegenden symmetrischen Fingerprinting-Schemas auf die $2t$ Codeworte an und vergleicht die Teile, die zu Identifikationscodeworten gehören, mit den für jeden einzelnen Käufer abgespeicherten Identifikationscodeworten. Finden sich dabei mindestens $t/2c$ viele Übereinstimmungen, so ist der jeweilige Käufer mit hoher Wahrscheinlichkeit an der Konstruktion der Raubkopie beteiligt gewesen.

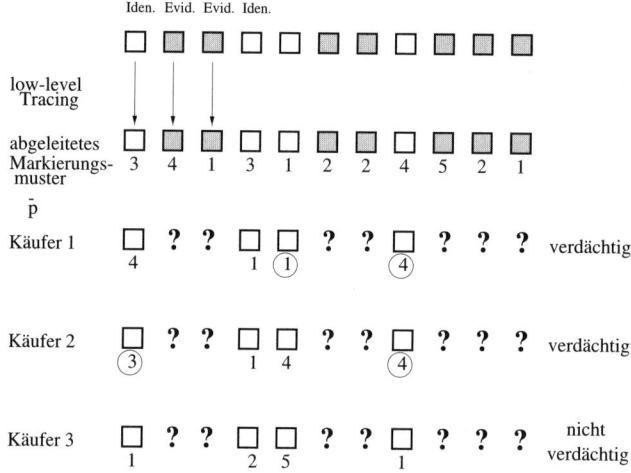

Abb. 10: Tracing-Algorithmus

Anklage-Protokoll:

1. Der Verkäufer weist dem Richter für die von ihm verdächtigten Käufer nach, daß es jeweils mindestens $t/2c$ Übereinstimmungen in den Identifikationscodeworten gibt.
2. Der Verkäufer hat S, wie in Schritt 4 definiert, dem Richter preiszugeben. Der verdächtige Käufer muß seinen Zufallsstring r^u und das Markierungsmuster $\overline{m}$ durch Offenlegung von $BC_B(r^u)$ und $\overline{f}$ vorweisen. Der Richter prüft die Signaturen und die Korrektheit der verwendeten Bit-Commitments. Der Verkäufer muß nachweisen, wie das Markierungsmuster aus den Identifikationscodeworten und den Evidenzcodeworten gemäß der Permutation π gebildet wurde. Wenn der Käufer diese Informationen dem Richter nicht zur Verfügung stellt, wird er als Betrüger betrachtet. Gibt es Inkonsistenzen in den Informationen, die der Verkäufer preisgibt, wird der Verkäufer als unseriös betrachtet und das Protokoll beendet.

3. Sei $\bar{p}$ das Resultat des Tracing-Algorithmus bei Eingabe $\tilde{p}$. Dann vergleicht der Richter $\bar{p}$ mit $\overline{m}$. Wenn er wenigstens $2t/c$ Übereinstimmungen findet, wovon wenigstens $t/2c$ Evidenzcodeworten entsprechen, wird der Käufer als schuldig betrachtet.

4 Satz

Seien $c \geq 2$, $N \geq 1$, $\varepsilon < 1$, $n \geq 40c$, $t \geq 2(c-1)\log(8N/\varepsilon)$, $\delta \leq \varepsilon/8t$ und $d \geq c$. Gegeben ein d-sicheres symmetrisches Fingerprinting-Schema mit δ-Fehler, n Codeworten und Codewortlänge ℓ, so ergibt das obige Schema in Kombination mit einem Protokoll für die Daten-Phase ein c-sicheres asymmetrisches Fingerprinting-Schema für bis zu N Käufer. Die Wahrscheinlichkeit, daß kein Betrüger überführt werden kann oder daß ein unschuldiger Käufer fälschlicherweise schuldig befunden wird, ist höchstens ε. Die Länge der Markierungsmuster ist $2t\ell$.

Wir erklären das obige Schema etwas detaillierter: Der Verkäufer wählt t Identifikationscodeworte in Schritt 1 des Fingerprinting-Protokolls. Dann berechnen Käufer und Verkäufer mittels eines sicheren Multiparty-Computation-Protokolls die Verschlüsselung der Bit-Commitments der Evidenzcodeworte, die durch die Wahl von r^u, r^m und $R_1, \ldots R_t$ bestimmt sind, wobei nur der Verkäufer die Werte $\text{Enc}_M(\text{BC}_B(\Gamma(R_1, r_1)), \ldots \text{BC}_B(\Gamma(R_t, r_t)))$ entschlüsseln und damit $\text{BC}_B(\Gamma(R_1, r_1)), \ldots \text{BC}_B(\Gamma(R_t, r_t))$ erhalten kann. Dann mischt der Verkäufer $\text{BC}_B(\Gamma(R_i, r_i))$ mit den Bit-Commitments der Identifikationscodeworte $f_{t+1}, \ldots f_{2t} = \text{BC}_B(w_1), \ldots \text{BC}_B(w_t)$ und sendet $\overline{f} = f_{\pi(1)}, \ldots f_{\pi(2t)}$ an den Käufer. Das verwendete Bit-Commitment-Schema BC_B erlaubt dem Käufer, die damit festgelegten Bits zu entschlüsseln, und er erhält das Markierungsmuster $\overline{m} = m_1 \ldots m_{2t}$.

Es ist zu beachten, daß Schritt 4 im Fingerprinting-Protokoll notwendig ist. Ohne Schritt 4 könnte der Käufer behaupten, daß der Verkäufer das Protokoll nach Schritt 3 abgebrochen hätte und betrügerischerweise den Käufer beschuldigt. Wenn der Käufer nie ein Markierungsmuster erhalten hat, kann er auch nicht nachweisen, daß das in der Raubkopie gefundene Muster nicht zu seinem Markierungsmuster paßt.

Wir schätzen nun die Wahrscheinlichkeit ab, daß kein Betrüger einer Koalition, die eine Raubkopie erstellt hat, identifiziert wird. Gemäß Satz 2 und nach Wahl der Parameter, ist die Wahrscheinlichkeit mindestens $1 - \varepsilon/2$, daß für wenigstens einen der Betrüger einer Koalition von höchstens c Betrügern gilt: $\bar{p}$ stimmt in wenigstens $2t/c \leq s \leq 2t$ Evidenz- oder Identifikationscodeworten mit dem Markierungsmuster des Käufers überein. Man beachte, daß die Käufer nicht unterscheiden können, welche Teile ihres Markierungsmusters zu den Evidenzcodeworten und welche zu den Identifikationscodeworten gehören. Deswegen ist es sehr wahrscheinlich, daß es etwa gleich viele Übereinstimmungen in Identifikations- wie in Evidenzcodeworten gibt. Eine genaue Analyse (s. [4]) ergibt, daß mit Wahrscheinlichkeit von mindestens $1-\varepsilon/2$ wenigstens $t/2c$ viele Übereinstimmungen in den Evidenz- und mindestens $t/2c$ viele in den Identifikationscodeworten vorliegen. Daher wird wenigstens ein Betrüger mit Wahrscheinlichkeit $1-\varepsilon$ identifiziert und überführt.

Andererseits muß die Wahrscheinlichkeit untersucht werden, mit der ein unschuldiger Käufer irrtümlich für schuldig befunden wird. Dies kann entweder durch die Wahl des Markierungsmusters $\tilde{p}$ durch eine Kollusion von Betrügern oder durch den Versuch eines betrügerischen Verkäufers, der einen bestimmten Käufer unter Verdacht bringen will, erfolgen. Die Wahrscheinlichkeit für den ersten Fall ist beschränkt durch $\varepsilon/2$ gemäß Satz 2. Im zweiten Fall muß der Verkäufer wenigstens $t/2c$ Evidenzcodeworte des Käufers korrekt raten. Da diese zufällig sind, sofern der Käufer sich an das Protokoll gehalten hat und die Bit-Folge r^u zufällig gewählt hat, ist die Wahrscheinlichkeit, ein Evidenzcodewort, richtig zu raten, höchstens $1/n$. Somit kann man die Wahrscheinlichkeit, wenigstens $t/2c$ korrekt zu raten, als die Wahrscheinlichkeit, in einem t-stufigen Bernoulli-Experiment wenigstens $t/2c$ Treffer zu erhalten, betrachten, wobei die Wahrscheinlichkeit $1/n$ für einen Treffer ist. Mittels der Chernoff-Schranke (s. [19]) läßt sich zeigen, daß diese Wahrscheinlichkeit höchstens $\varepsilon/2$ ist. Somit ist die Wahrscheinlichkeit dafür, daß ein unschuldiger Käufer als Copyright-Pirat überführt wird, höchstens ε.

Man beachte, daß die Parameter in Satz 4 zeigen, daß die Länge der Markierungsmuster im asymmetrischen Fall größenordnungsmäßig der im symmetrischen Fall entspricht. Allerdings verursacht die Verwendung des sicheren Multiparty-Computation-Protokolls zur Berechnung der Evidenzcodeworte einen erheblichen Aufwand an Kommunikation zwischen Verkäufer und Käufer. Mittels weniger allgemeiner Verfahren lassen sich wesentlich effizientere Protokolle basierend auf den symmetrischen Fingerprinting-Schemata in [8] entwickeln (s. [4]).

4.3 Daten-Phase

Grundlegendes Verfahren: Wie zuvor gehen wir davon aus, daß die Daten in $2t\ell$ Blöcke unterteilt sind. Zu jedem unmarkierten Block $B_{0,i}$ existiert ein markierter Block $B_{1,i}$. Wenn der Käufer mittels der Codewort-Phase auf ein Markierungsmuster $m_1 \ldots m_{2t}$ festgelegt ist, erhält er den markierten bzw. unmarkierten $i$ten Block je nachdem, ob das $i$te Bit seines Markierungsmusters den Wert 0 oder 1 hat. Dies wird mittels eines CANDOS-Protokolls erreicht, wobei die entsprechenden Protokolle für alle $2t\ell$ Blöcke parallel durchgeführt werden können.

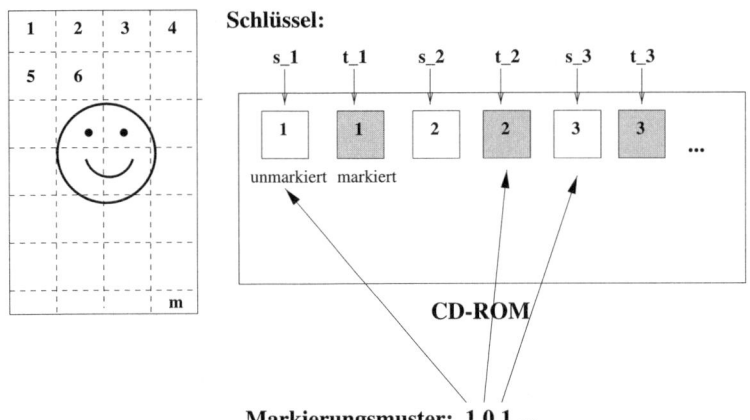

Abb. 11: Daten-Phase bei Broadcast-Daten

Variante für Broadcast-Daten: Statt die jeweiligen Blöcke jedem Käufer einzeln zu übermitteln, bietet sich im Falle von Broadcast-Daten die folgende Vorgehensweise an: Der Verkäufer wählt ein öffentlich bekanntes Public-Key Verschlüsselungsverfahren Enc, $4t\ell$ öffentliche Schlüssel $p_{0,1}, \ldots p_{0,2t\ell}$ und $p_{1,1}, \ldots p_{1,2t\ell}$, verschlüsselt den $i$ten unmarkierten Block mittels $p_{0,i}$ zu $\text{Enc}_{p_{0,i}}(B_{0,i})$, den $i$ten markierten Block mittels $p_{1,i}$ zu $\text{Enc}_{p_{1,i}}(B_{1,i})$ und speichert die Folge
$$\{\text{Enc}_{p_{0,1}}(B_{0,1}), \text{Enc}_{p_{1,1}}(B_{1,1}), \ldots \text{Enc}_{p_{0,2t\ell}}(B_{0,2t\ell}), \text{Enc}_{p_{1,2t\ell}}(B_{1,2t\ell})\}$$
z.B. auf einer CD-ROM. Jeder Käufer erhält die Schlüssel, die seinem in der Codewort-Phase berechneten Markierungsmuster entsprechen.

5. Ein anonymes Fingerprinting-Schema

Das größte Problem bei der Konstruktion anonymer Fingerprinting-Schemata besteht darin, die ID-Werte im Markierungsmuster einzubetten. Da Koalitionen von Copyright-Piraten ihre Markierungsmuster mischen können, muß die Einbettung in einer Weise erfolgen, daß der Verkäufer jeweils zusammengehörige Teile, die zu einem der Betrüger gehören, nachträglich wieder identifizieren kann. Darüber hinaus muß eine solche Sammlung von Bruchstücken ausreichend sein, um daraus die Identifikationsinformation über den entsprechenden Käufer wieder rekonstruieren zu können.

B. Pfitzmann und M. Waidner erreichen dies in [34] dadurch, daß sie die Identifikationsinformation und die Signatur durch das Registrierzentrum in ein Codewort eines fehler- und auslöschungskorrigierenden Codes (Error-and-Erasure-Correcting-Code, EECC, z.B. Reed-Solomon Code, s. [5]) transformieren. Wie im Falle der asymmetrischen Fingerprinting-Schemata werden die Markierungsmuster durch Konkatenation mehrerer low-level Codeworte konstruiert. Wir geben skizzenhaft ein Beispiel für die Codewort-Phase eines asymmetrischen Fingerprinting-Schemas aufbauend auf einem beliebigen symmetrischen Fingerprinting-Schemas Γ mit den folgenden Eigenschaften an:

1. Für alle R, $r_1 \neq r_2$ sei $\Gamma(R, r_1) \neq \Gamma(R, r_2)$.
2. Gegeben R und ein Codewort c aus Γ, so läßt sich leicht ein r berechnen mit $c = \Gamma(R, r)$.

Die effizientesten bisher bekannten symmetrischen Fingerprinting-Schemata haben diese Eigenschaften.

Initialisierung:

Sei t die Länge der ID-Werte, $c \geq 2$ und $L \geq 2tc/\log_2(tc)$. Der Verkäufer wählt ein d-sicheres symmetrisches Fingerprinting-Schema Γ mit δ-Fehler und $n = q_1 \cdot q_2$ Codeworten, wobei $q_1 \geq 24c$, $q_2 \geq L$, $n \geq 2c$, $\delta \leq \varepsilon/4L$ und $d \geq c$ gilt. Außerdem wählt er L zufällige Bit-Folgen $R_1, \ldots R_L$. Diese sind für alle Käufer gleich und werden vom Verkäufer verschlüsselt veröffentlicht.

Fingerprinting-Protokoll:

Sei $g_i = \lfloor \log_2 q_i \rfloor + 1$ für $i = 1, 2$. Verkäufer und Käufer wählen unabhängig zufällige Bit-Folgen $r_1^m, \ldots r_L^m$ (Verkäufer) und $r_1^u, \ldots r_L^u$ (Käufer). Jede dieser Bit-Folgen hat die Länge $\ell = g_1 + g_2$. Sei $r_i = r_i^u \oplus r_i^m$ für $i = 1, \ldots L$. In einem sicheren Multiparty-Computation-Protokoll berechnen Verkäufer und Käufer das Markierungsmuster $f = \Gamma(R_1, r_1) \ldots \Gamma(R_L, r_L)$. Am Ende des Protokolls kennt der Verkäufer genau g_1 der Bits der Zeichenketten r_i. Dabei sind die Positionen, die er lernt, zufällig. Der Käufer erfährt f und die Bitpositionen von r_i, die der Verkäufer lernt. Der Verkäufer erhält keine weiteren Informationen über das Markierungsmuster. Sei $\tilde{r}$ die Konkatenation der Bits aller r_i, die dem Verkäufer nicht verraten werden. Dann benutzt der Käufer $\tilde{r}$ als One-Time-Pad, d.h. er transformiert seinen ID-Wert in ein Codewort w des öffentlich bekannten fehler- und auslöschungskorrigierenden Codes und verschlüsselt w als $s = w \oplus \tilde{r}$ (bitweise XOR). Dann sendet er s an den Verkäufer und beweist mittels eines Zero-

Knowledge-Protokolls, daß s korrekt konstruiert wurde. Der Verkäufer speichert s zusammen mit der ihm bekannten Hälfte der Bitpositionen der Bit-Folgen $r_1, \ldots r_L$. Man beachte, daß der Verkäufer dabei w nicht rekonstruieren kann, da es mittels $\tilde{r}$ verschlüsselt ist und $\tilde{r}$ genau die Bits sind, die der Verkäufer nicht kennt.

Tracing-Algorithmus:

Nachdem eine illegale Kopie gefunden wurde, untersucht der Verkäufer das Markierungsmuster $\tilde{p}$. Mittels des Tracing-Algorithmus bestimmt er die zugehörigen low-level Codeworte $c_1 \ldots c_L$ und bestimmt die Zeichenketten $r'_1, \ldots r'_L$ mit $c_i = \Gamma(R_i, r'_i)$. Dann vergleicht er die r'_is mit der gespeicherten Information über die zufällige Bit-Folgen r_i jedes Käufers. Findet er einen Eintrag T, in dem wenigstens L/c der gefundenen r'_i die im Fingerprinting-Protokoll verratenen Bits gemeinsam haben mit den r_i Werten im abgespeicherten Eintrag, dann hat der Verkäufer den Eintrag eines vermutlichen Betrügers gefunden. Mittels der zweiten Hälfte der Bits der r'_i in T erhält er ein Fragment von $\tilde{r}$ und damit ein Fragment von w, das ausreichend ist, um w zu rekonstruieren, da w das Codewort eines fehler- und auslöschungskorrigierenden Codes ist.

Anklage-Protokoll:

Der Verkäufer muß im wesentlichen nur den ID-Wert, den er aus dem gefundenen Markierungsmuster abgeleitet hat, dem Richter zeigen. Das Registrierzentrum bestimmt dann die Identität des Käufers anhand des ID-Wertes. Da dieser Wert nur dem jeweiligen Käufer und dem Registrierzentrum bekannt war, ist der entsprechende Käufer überführt.

Ein Nachteil dieser Vorgehensweise besteht darin, daß nicht nur die Käufer, sondern auch das Registrierzentrum die ID-Werte kennen, d.h. das Registrierzentrum muß absolut vertrauenswürdig sein. Will man dieses Problem überwinden, so bietet sich die in [34] vorgeschlagene Lösung an, die ID-Werte durch Zeichenketten zu ersetzen, die dem Kaufvertrag zwischen Verkäufer und Käufer, signiert durch ein Signaturverfahren Sign des Käufers und zertifiziert durch eine vertrauenswürdige Partei entsprechen. Das Signaturverfahren Sign des Käufers dient dabei als eine Art Pseudonym und ist nur dem Käufer bekannt. Nur das Registrierzentrum kennt den Schlüssel zum Verifizieren von Signaturen mittels Sign.

6. Ausblick

Die in diesem Aufsatz vorgestellte Copyright-Schutz-Methode durch Fingerprinting-Schemata ist derzeit noch zu ineffizient und kompliziert, um zur praktischen Anwendung zu kommen. Setzt man realistische Parametergrößen ein, so ist die Zahl notwendiger Marken bei Anwendung des effizientesten bisher bekannten kollusions-sicheren symmetrischen Fingerprinting-Schemas noch zu groß, um z.B. zum Schutz von digitalen Bildern eingesetzt werden zu können. Allerdings handelt es sich bei diesem Gebiet um ein vergleichsweise junges Spezialgebiet der Kryptographie, so daß man erwarten darf, daß Verbesserungen in Hinblick auf eine praktische Verwertbarkeit dieser Theorie möglich sind.

Danksagung

Die Autorin dankt Dan Boneh und Birgit Pfitzmann für ihre freundliche Bereitschaft, Details ihrer Ergebnisse zu diskutieren und zu erläutern.

Literatur

[1] D. BEAVER: Secure Multiparty Computation Protocols and Zero-Knowledge Proof Systems Tolerating a Faulty Minority. Journal of Cryptology, Springer 1991, S. 75–122.

[2] M. BEN-OR, S. GOLDWASSER, A. WIDGERSON: Completeness Theorem for Fault-tolerant Distributed Computing. Tagungsband der Konferenz "20th STOC'88", ACM 1988, S. 1–10.

[3] I. BIEHL: Copyright-Schutz digitaler Daten durch kryptographische Fingerprintingverfahren. Akademie-Journal 2/98, Mitteilungsblatt der Konferenz der deutschen Akademien der Wissenschaften e.V., Mainz 1998, S. 46–53.

[4] I. BIEHL, B. MEYER: Protocols for Collusion-Secure Asymmetric Fingerprinting. Tagungsband der Konferenz "STACS'97", Springer 1997, S. 399–412.

[5] R.E. BLAHUT: Theory and Practise of Error Control Codes. Addison-Wesley 1983.

[6] G.R. BLAKELEY, C. MEADOWS, G.B. PURDY: Fingerprinting Long Forgiving Messages. Tagungsband der Konferenz "CRYPTO'85", Springer 1986, S. 180-189.

[7] F.M. BOLAND, J.J.K.O. RUANAIDH, C. DAUTZENBERG: Watermarking Digital Images for Copyright Protection. Tagungsband der Konferenz "5th IEEE International Conference on Image Processing and its Applications", IEEE 1995, S. 326–330.

[8] D. BONEH, J. SHAW: Collusion-Secure Fingerprinting for Digital Data. Tagungsband der Konferenz "CRYPTO'95", Springer 1995, S. 452–465.

[9] D. BONEH, J. SHAW: Collusion-Secure Fingerprinting for Digital Data. Princeton Computer Science Technischer Bericht TR-468-94 1994.
[10] G. BRASSARD, C. CRÉPEAU, J.-M. ROBERT: All-or-Nothing Disclosure of Secrets. Tagungsband der Konferenz "CRYPTO'86", Springer 1987, S. 234–238.
[11] G. CARONNI: Assuring Ownership Rights for Digital Images. Tagungsband der Konferenz "Verläßliche Informationssysteme'95", Vieweg 1995, S. 251–263.
[12] D. CHAUM, C. CRÉPEAU, I. DAMGÅRD: Multiparty Unconditionally Secure Protocols. Tagungsband der Konferenz "CRYPTO'87", Springer 1988, S. 462.
[13] D. CHAUM, I. DAMGÅRD, J. VAN DE GRAAF: Multiparty Computations Ensuring Privacy of each Party's Input and Correctness of the Result. Tagungsband der Konferenz "CRYPTO'87", Springer 1988, S. 88–119.
[14] B. CHOR, A. FIAT, M. NAOR: Tracing Traitors. Tagungsband der Konferenz "CRYPTO'94", Springer 1994, S. 257–270.
[15] A.K. CHOUDHURY, N.F. MAXEMCHOUK, S. PAUL, H.G. SCHULZRINNE: Copyright Protection for Electronic Publishing Over Computer Networks. IEEE Network 9, IEEE 1995, S. 182–194.
[16] I. COX, J. KILIAN, T. LEIGHTON, T. SHAMOON: A Secure Robust Watermark for Multimedia. Tagungsband der Konferenz "Workshop on Information Hiding", LNCS 1174, Springer 1996, S. 185–206.
[17] W. DIFFIE, M.E. HELLMANN: New Directions in Cryptography. IEEE Trans. Inform. Theory 22, IEEE 1976, S. 644–654.
[18] C. DWORK, J. LOTSPIECH, M. NAOR: Digital Signets: Self-Enforcing Protection of Digital Information. Tagungsband der Konferenz "28th STOC'96", ACM 1996, S. 489–498.
[19] P. ERDÖS, J. SPENCER: Probabilistic Methods in Combinatorics. Academic Press 1974.
[20] U. FEIGE, A. SHAMIR: Zero-Knowledge Proofs of Knowledge in Two Rounds. Tagungsband der Konferenz "CRYPTO'89", Springer 1990, S. 526–544.
[21] O. GOLDREICH: Towards a Theory of Software Protection and Simulation by Oblivious RAMs. Tagungsband der Konferenz "19th STOC", IEEE 1987, S. 218–229.
[22] O. GOLDREICH: Foundations of Cryptography. Manuskript erhältlich unter http://www.wisdom.weizmann.ac.il/-people/-homepages/oded/frag.html.
[23] O. GOLDREICH, S. MICALI, A. WIDGERSON: Proofs that Yield Nothing but their Validity and a Methodology of Cryptographic Protocol Design. Tagungsband der Konferenz "FOCS'86", IEEE 1986, S. 174–187.
[24] S. GOLDWASSER, S. MICALI, C. RACKOFF: The Knowledge Complexity of Interactive Proof Systems. SIAM Journal on Computing 18, 1989, S. 186–208.
[25] S. GOLDWASSER, S. MICALI, R.L. RIVEST: A Digital Signature Scheme Secure against Adaptive Chosen-Message Attacks. SIAM Journal on Computing 17, 1988, S. 281–308.
[26] E. KOCH, J. RINDFREY, J. ZHAO: Copyright Protection for Multimedia Data. Tagungsband der Konferenz "International Conference on Digital Media and Electronic Publishing" 1994.

[27] E. KOCH, J. ZHAO: Towards Robust and Hidden Image Copyright Labelling. Tagungsband der Konferenz "IEEE Workshop on Nonlinear Signal and Image Processing", IEEE 1995, S. 452–455.

[28] M. NAOR: Bit Commitment Using Pseudo-Randomness. Journal of Cryptology, Springer 1991, S. 151–158.

[29] R. OSTROVSKY: An Efficient Software Protection Scheme. Tagungsband der Konferenz "CRYPTO'89", Springer 1990, S. 610f.

[30] F.A.P. PETITCOLAS, R.J. ANDERSON, M.G. KUHN: Attacks on Copyright Marking Systems. Tagungsband der Konferenz "Second Workshop on Information Hiding", Springer 1998, S. 219–239.

[31] B. PFITZMANN: Trials of Traced Traitors (Extended Abstract). Tagungsband der Konferenz "Workshop on Information Hiding", Cambridge, LNCS 1174, Springer 1996, S. 49–57.

[32] B. PFITZMANN, M. SCHUNTER: Asymmetric Fingerprinting. Tagungsband der Konferenz "EUROCRYPT'96", Springer 1996, S. 84–95.

[33] B. PFITZMANN, M. WAIDNER: Asymmetric Fingerprinting for Larger Collusions. Tagungsband der Konferenz "ACM Conference on Computer and Communications Security", ACM 1997; Vorversion IBM Research Report RZ 2857 (#90805) 08/19/96, IBM Research Division, Zürich.

[34] B. PFITZMANN, M. WAIDNER: Anonymous Fingerprinting. Tagungsband der Konferenz "EUROCRYPT'97", Springer 1997, S. 88–102.

[35] D.R. STINSON, R. WEI: Combinatorial Properties and Constructions of Traceability Schemes and Frameproof Codes. SIAM Journal on Discrete Mathematics 11, 1998, S. 41–53.

[36] M. TOMPA, H. WOLL: Random Self-Reducibility and Zero-Knowledge Interactive Proofs of Possession of Information. Tagungsband der Konferenz "28th FOCS'87", IEEE 1987, S. 472–482.

[37] N.R. WAGNER: Fingerprinting. Tagungsband der Konferenz "Symposium on Security and Privacy", IEEE 1983, S. 18–22.

[38] H. WATANABE, T. KASAMI: A Secure Code for Recipient Watermarking against Conspiracy Attacks by all Users. Tagungsband der Konferenz "ICICS'97", Springer 1997, S. 414–423.

[39] J. ZHAO, E. KOCH: Embedding Robust Labels Into Images For Copyright Protection. Tagungsband der Konferenz "International Congress on Intellectual Property Rights for Specialised Information, Knowledge, and New Technologies", Oldenbourg-Verlag 1995, S. 242–251.

[40] J. ZHAO: A WWW Service to Embed and Prove Digital Copyright Watermarks. Tagungsband der Konferenz "European Conference on Multimedia Applications, Services and Techniques" 1996.

Kognitive Robotik –
Perspektiven und Grenzen der KI-Forschung

von

Michael Thielscher (Dresden)[*]

> Stunden, Abende, Nächte habe ich mit dem Bau eines simplen Roboterarms aus Fischertechnik zugebracht. Als dann das Dings auf dem Schreibtisch stand und programmgemäß ein Plastikrohr ergriff, stockte mir der Atem. – Es lebte. Jedenfalls irgendwie.
> *Gero von Randow*

Zusammenfassung

Als einer der zentralen Aspekte der Forschung auf dem Gebiet der künstlichen Intelligenz befaßt sich die kognitive Robotik mit den theoretischen und praktischen Möglichkeiten, Roboter zu konstruieren, die zu kognitiven Leistungen in der Lage sind. Diese Leistungen basieren auf der Fähigkeit zu folgerichtigem Denken über Wahrnehmungen, über Handlungsmöglichkeiten und deren Auswirkungen auf die Umgebung sowie über die jeweilig gestellten Anforderungen. Roboter, die diese Fähigkeit besitzen, folgen keinem starren Ablaufschema; vielmehr entwerfen sie selbständig Handlungspläne und erlauben damit äußerst flexible Verwendungsmöglichkeiten. Vor dem Hintergrund des aktuellen Stands der Forschung werden die Perspektiven und Grenzen des Gebietes aufgezeigt.

---

[*] Fakultät für Informatik, Technische Universität Dresden, 01062 Dresden und Fachbereich Informatik, Technische Universität Darmstadt, Alexanderstraße 10, 64283 Darmstadt.

1. Ein neuartiges Werkzeug

Herstellung und Gebrauch von Werkzeugen war und ist ein wichtiger Bestandteil aller Kulturen. Welch zentrale Bedeutung Werkzeugen gerade zu Beginn der Menschheitsgeschichte für die Entstehung und Weiterentwicklung von Kulturen beizumessen ist, legen Namensgebungen wie „Stein-" oder „Eisenzeit" nahe, die Epochen mit dem wichtigsten für Werkzeuge verwendeten Material bezeichnen. Aus dem primitivsten Steinhammer entwickelte sich im Laufe der Zeit eine unüberschaubare Vielfalt an Werkzeugen, die aus der heutigen Zeit nicht mehr wegzudenken sind. Ozeandampfer und Düsenflugzeuge beispielsweise, aber auch Küchengeräte und Waschmaschinen erleichtern unser tägliches Leben.

So verschieden die vier zuletzt genannten Werkzeuge auch sein mögen, eine besondere Eigenschaft ist ihnen gemeinsam. Sie alle verrichten Arbeit, die, würden wir Menschen sie statt ihrer erledigen, als *körperliche* Arbeit zu bezeichnen wäre. Tatsächlich ist dies ein Merkmal nahezu aller Werkzeuge, früheren wie heutigen – mit einer erst wenige Jahrzehnte alten, aber das moderne Leben mitbestimmenden Ausnahme: Ein Computer verrichtet Arbeit, die, würden wir Menschen sie erledigen, als *geistige* Arbeit bezeichnet werden müßte. Das Ausmaß an geistiger Arbeit, das uns bereits ein äußerst primitiver Computer, ein handelsüblicher Taschenrechner, abnehmen kann, läßt sich bei der Lektüre eines Essays[1] aus der ersten Hälfte des letzten Jahrhunderts erahnen. Es enthält als Einführung zu den Plänen des englischen Philosophen und Ingenieurs Charles Babbage (1792–1871) zur Vollendung seiner sogenannten „Differenziermaschine", einem mechanischen Vorläufer des elektronischen Computers (s. Abb.1), eine plastische Schilderung der Situation in jenen Tagen in bezug auf die in den verschiedensten Ingenieurdisziplinen und insbesondere zur nautischen Navigation unverzichtbaren Tabellen trigonometrischer Funktionen und Logarithmentafeln, die Charles Babbage mit seiner Maschine vollautomatisch berechnen lassen wollte: Dutzende Mathematiker wurden von großen Verlagen über einen Zeitraum von Monaten mit der manuellen Erstellung dieser Tabellen beauftragt. Jeder einzelne von ihnen hatte dabei die Aufgabe, für einen eng begrenzten Zahlenbereich auf mehrere Kommastellen genau eine bestimmte mathematische Funktion zu berechnen. Um Fehler möglichst auszuschließen, wurden oftmals jeweils zwei Mathematiker unabhängig voneinander mit demselben Zahlenbereich beauftragt und deren Ergebnisse verglichen. Dennoch wiesen die so entstandenen Bücher, die lediglich aus schier endlosen Zahlenkolonnen bestanden, eine erhebliche Fehlerquote

---

[1] Dionysius LARDNER: Babbage's calculating engine. Edinburgh Review CXX, Juli 1834.

Abb. 1: Eine Komponente aus einem Nachbau (aus dem Jahre 1991) der „Differenziermaschine" nach den Ideen von Charles Babbage.

auf, so daß ihnen lange Errata beigefügt werden mußten, was ihre Benutzung erheblich erschwerte und das Vertrauen in die Zahlen generell schmälerte.

Heute werden keine Logarithmentafeln mehr vom Mathematiker berechnet. Ein einfacher Taschenrechner erspart uns das angedeutete Ausmaß an geistiger Arbeit und ist zudem weit schneller und zuverlässiger. Von all den Werkzeugen, die unser heutiges Leben mitbestimmen, unterscheiden sich Taschenrechner und Computer somit dadurch, daß sie uns Menschen keine körperliche, sondern geistige Arbeit abnehmen. Es mag an dieser fundamental anderen Art der Tätigkeit liegen, daß die heutige Epoche wieder mit einem Werkzeug verbunden wird, wenn von dem „Computerzeitalter" die Rede ist.

In dem mit „kognitive Robotik" bezeichneten Forschungsgebiet[2] hat sich nun die Wissenschaft das ehrgeizige Ziel gesetzt, ein Werkzeug zu entwikkeln, das zugleich körperliche und geistige Arbeit verrichtet: mobile Roboter, wie der in Abb. 2 gezeigte, deren körperliche Tätigkeiten durch kognitive Leistungen unterstützt werden. Diese kognitiven Fähigkeiten sollen es dem Roboter insbesondere ermöglichen, seine Aufgaben nicht allein nach einem programmierten, starren Schema zu erledigen, sondern selbständig zielorientiert Handlungspläne unter Berücksichtigung der zum Zeitpunkt eines Arbeitsauftrags vorliegenden Begleitumstände zu berechnen, Pläne, die anschließend als Grundlage für das Verrichten körperlicher Arbeit dienen sollen. Dieses Prinzip der Selbststeuerung für Roboter ist in Abb. 3 schematisch dargestellt. Dem wissenschaftlichen Interesse an Robotern mit kognitiver Leistungsfähigkeit liegt die Erkenntnis zugrunde, daß das sture Befolgen eines minuziös geplanten Ablaufschemas in nicht vorhergesehenen Situationen nicht angemessen und oft sogar kontraproduktiv sein kann. Gerade im Falle mobiler Roboter, die flexibel an unterschiedlichen Orten zum Einsatz kommen sollen, ist die vorausschauende Berücksichtigung aller denkbaren Umstände nicht möglich.

Abb. 2: Ein mobiler Roboter (aus dem *Mobile Robot Laboratory, Georgia Institute of Technology*).

---

[2] Erstmals Erwähnung findet die englischsprachige Entsprechung des Begriffs der kognitiven Robotik in Yves LESPÉRANCE et al.: A logical approach to high-level robot programming – a progress report. In: B. KUIPERS (Hrsg.): Control of the physical world by intelligent systems. Papers from the 1994 AAAI Fall Symposium. New Orleans 1994, S. 79–85.

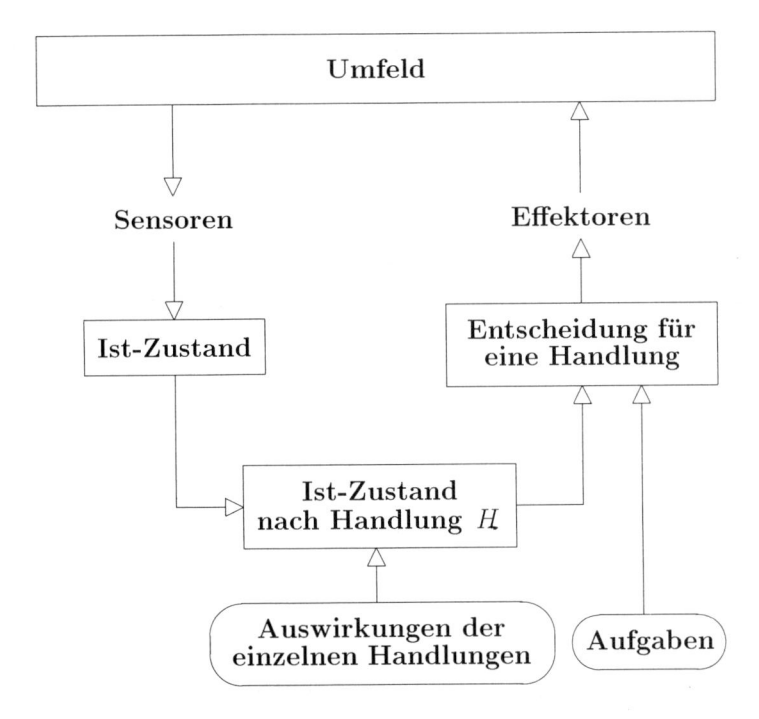

Abb. 3: Beim Selbststeuerungsprinzip für Roboter sind körperliche und geistige Tätigkeit in einem ständigen Wechsel begriffen. Über Sensoren, beispielsweise eine Kamera, ermittelt der Roboter Informationen über den momentanen Zustand seiner Umgebung. Aufgrund von Hintergrundinformation über die Auswirkungen von Handlungen im allgemeinen kann der Roboter für jede in der momentanen Situation durchführbare Aktivität zunächst hypothetisch denjenigen Zustand berechnen, der nach der tatsächlichen Ausführung erreicht werden würde. Unter Berücksichtigung der an ihn gestellten Aufgabe kann der Roboter dann selbständig entscheiden, welche der durchgespielten Handlungen geeignet scheint. Dieser kognitiven Leistung schließt sich das tatsächliche Ausführen der gewählten Handlung mittels der Effektoren, beispielweise eines Greifarmes oder eines Fortbewegungsmechanismus, an.

2. Kognitive Fähigkeiten bei Robotern

Aus der skizzierten prinzipiellen Funktionsweise eines zu kognitiven Leistungen fähigen Roboters folgt, daß im Mittelpunkt der in diesem Zusammenhang untersuchten Fähigkeiten das *rationale Ziehen von Konsequenzen* aus Informationen über

- Aufgaben,
- Handlungsmöglichkeiten,
- Wahrnehmungen und
- Umfeld

steht. Anhand des einfachen, in Abb. 4 illustrierten Szenarios soll dies exemplarisch verdeutlicht werden. Denken wir uns einen Serviceroboter, der in einem Bürotrakt Hauspost einsammeln und austragen soll. Nehmen wir konkret an, er stünde gerade vor einem bestimmten Büroraum, den er zu diesem Zweck betreten muß. Dies ist ihm jedoch nur dann möglich, wenn beide Flügeltüren, die den Raum von dem Flur trennen, geöffnet sind. Mit Hilfe einer Kamera stellt der Roboter fest, daß die eine der Türen bereits geöffnet, die andere jedoch geschlossen ist. Neben den Türen befindet sich je ein Druckschalter, durch dessen Betätigung sich die jeweilige Tür automatisch öffnen läßt. Die Mechanik des Roboters erlaubt es ihm, beide Schalter zu drücken.

Die vorliegenden Informationen lassen sich den obengenannten Kategorien wie folgt zuordnen:

- *Aufgabe* ist das Betreten des Raumes.
- *Handlungsmöglichkeiten* sind das Drücken der beiden Schalter sowie die Vorwärtsbewegung, letztere unter der Bedingung, daß beide Türen geöffnet sind.

Abb. 4: Mit Hilfe seiner Kamera nimmt ein Serviceroboter wahr, daß von den beiden Flügeln der Tür zu dem Büro, in das er sich begeben soll, nur der linke geöffnet ist, was ihn aufgrund seiner sperrigen Gestalt am Betreten des Raumes hindert. Beide Türen lassen sich durch Betätigen des entsprechenden Druckschalters automatisch öffnen. Wie ermittelt der Roboter, welche Handlung in dieser Situation angebracht ist?

- Es wurde *wahrgenommen*, daß die linke Tür geöffnet und die rechte geschlossen ist.
- Über das *Umfeld* ist bekannt, daß sich Tür *X* öffnet, sobald der entsprechende Schalter *X* gedrückt wurde.

Die offensichtliche rationale Konsequenz aus diesen Informationen ist, daß der Roboter den rechten Schalter drücken sollte, um nach dem zu erwartenden Öffnen der zweiten Tür das Büro betreten zu können. Insbesondere ist die Erwartung, daß dem Roboter nach Betätigen des richtigen Schalters beide Türen offenstehen, eine einfache und natürliche Schlußfolgerung aus der vorliegenden Beschreibung. In der kognitiven Robotik werden nun die solchen Schlußfolgerungen zugrundeliegenden Prinzipien systematisch untersucht, um Roboter so programmieren zu können, daß sie in der Lage sind, Schlüsse dieser Art nachzuvollziehen. Der Schlüssel hierzu liegt in der Erkenntnis, daß die in dem skizzierten Szenario gezogene rationale Konsequenz einen folgerichtigen, d.h. *logischen* Schluß darstellt.

Systematische Untersuchungen dessen, was eine logische Schlußfolgerung von einer unlogischen unterscheidet, gehen auf Aristoteles (384–322 v. Chr.) zurück. Sein berühmtestes Beispiel eines logisch zwingenden Schlusses ist das folgende: „Alle Menschen sind sterblich, und Sokrates ist ein Mensch, ergo ist Sokrates sterblich." Aristoteles erkannte, daß die diesem Schluß innewohnende Logik nicht etwa in der Richtigkeit der Konklusion, daß nämlich Sokrates in der Tat sterblich sei, begründet ist, sondern vielmehr eine Eigenschaft der *Struktur* des gesamten Schlusses ist. Wann immer zwei Aussagen der Form „Alle *X* haben die Eigenschaft *Y* " und „*Z* ist ein *X* " wahr sind, folgt logisch zwingend „*Z* hat die Eigenschaft *Y* ". Die Folgerichtigkeit eines Schlusses kann also mittels einer strukturellen Analyse festgestellt werden, und Computer oder Roboter können so programmiert werden, daß sie diese Analyse durchführen.

Die moderne formale Logik bedient sich festgelegter universeller Sprachmittel zur Beschreibung von Information, aus der logische Schlüsse gezogen werden sollen. Das genannte aristotelische Beispiel würde unter Verwendung dieser Mittel wie folgt ausgedrückt werden:

Aus

für alle x: *wenn* Mensch(x), *dann* sterblich(x)

und

Mensch(Sokrates)

folgt

sterblich(Sokrates).

Auf ähnliche Weise läßt sich die in unserem Beispielszenario vorliegende Information leicht modifiziert so formulieren, daß sie unmittelbar als Ausgangspunkt für logische Schlußfolgerungen dienen kann. Im folgenden beschränken wir uns der Einfachheit halber auf den einen logischen Schluß, der den Roboter zum Betätigen des rechten Druckschalters veranlassen sollte. Ausgangspunkt hierfür sind die formallogischen Beschreibungen der Handlungsmöglichkeiten, und zwar

$$\text{kann}(\text{drücken}(\text{Schalter}_1)) \text{ und } \text{kann}(\text{drücken}(\text{Schalter}_2)),$$

der Wahrnehmungen, und zwar

$$\text{offen}(\text{Tür}_1) \text{ und nicht } \text{offen}(\text{Tür}_2),$$

sowie der Information über das Umfeld, und zwar

$$\textit{für alle } x: \textit{wenn } \text{kann}(\text{drücken}(\text{Schalter}_x)), \textit{ dann } \text{offen}(\text{Tür}_x).$$

Die Einzelinformationen sprechen für sich. Aus ihnen läßt sich jetzt analog dem Sokrates-Schluß die logische Konsequenz „offen(Tür_2)" ziehen, denn die Aussage über die Handlungsmöglichkeiten besagt insbesondere, daß der zweite Schalter gedrückt werden kann, woraus dann aus der Information über das Umfeld folgt, daß sich so die entsprechende Tür öffnet.

So zwingend der soeben gemachte logische Schluß sein mag, die formallogische Beschreibung der vorliegenden Information enthält einen schwerwiegenden Fehler. Aus ihr folgt nämlich auch, daß die zweite Tür nicht geöffnet ist, also „*nicht* offen(Tür_2)", denn dies ist ja sogar explizit in der Beschreibung der gemachten Wahrnehmungen enthalten. Insgesamt folgt also die offensichtlich unsinnige Aussage, daß „offen(Tür_2) *und nicht* offen(Tür_2)"! Tatsächlich liegt der Fehler nicht in der Art und Weise, wie diese Schlußfolgerung gezogen wurde – sie ist logisch zwingend. Der Fehler liegt in der Formulierung der Ausgangsinformation, die nicht präzise genug ist, da an keiner Stelle berücksichtigt wurde, daß die Gültigkeit vieler die Welt beschreibender Aussagen zeitabhängig ist. So bezieht sich beispielsweise die Wahrnehmung, daß die rechte Tür geschlossen ist, auf die momentane Situation des Roboters, wohingegen das Geöffnetsein dieser Tür in einer anderen Situation auftritt, und zwar genau in derjenigen, in der sich unser Roboter *nach* Drücken des entsprechenden Schalters befindet. Diese Präzisierung löst den vermeintlichen Widerspruch auf:

Aus

$$\text{kann}(\text{drücken}(\text{Schalter}_1), \text{jetzt}) \textit{ und } \text{kann}(\text{drücken}(\text{Schalter}_2), \text{jetzt})$$

und

$$\text{offen}(\text{Tür}_1, \text{jetzt}) \textit{ und nicht } \text{offen}(\text{Tür}_2, \text{jetzt})$$

sowie

> *für alle x,y: wenn* kann(drücken(Schalter$_x$), y) *dann* offen(Tür$_x$, nach(drücken(Schalter$_x$), y))

folgt nunmehr logisch zwingend sowohl „*nicht* offen(Tür$_2$, jetzt)" als auch „offen(Tür$_2$, nach(drücken(Schalter$_2$), jetzt)". Letzteres ergibt sich aus der Tatsache, daß zu jeder Zeit *y*, also insbesondere auch jetzt, das Betätigen des Schalters$_x$, also insbesondere von Schalter$_2$, dazu führt, daß die entsprechende Tür$_x$, also Tür$_2$, anschließend offensteht.

Vollständig gelöst ist damit das Problem jedoch noch immer nicht. Zwar wurde durch die Verwendung von Zeitpunkten der temporäre Charakter von Aussagen wie „Tür$_2$ ist geschlossen" verdeutlicht, so daß durch die Ausführung einer Aktion wie dem Betätigen des Druckschalters bestimmte Aussagen ihre Gültigkeit verlieren können, jedoch werden auch alle anderen, von der Handlung eigentlich nicht betroffenen Aussagen vom rein logischen Standpunkt aus gesehen ungültig! Insbesondere ist zwar bekannt, daß die erste Tür zum jetzigen Zeitpunkt geöffnet ist, also daß „offen(Tür$_1$, jetzt)" gilt, allerdings folgt daraus keineswegs logisch zwingend, daß dies auch auf den Zeitpunkt nach der vom Roboter durchgeführten Handlung zutrifft, daß also auch „offen(Tür$_1$, nach(drücken(Schalter$_2$), jetzt)" gilt. Somit kann unser Roboter noch immer nicht schließen, daß er den Raum betreten kann. Hierzu bedarf es spezieller Erweiterungen der angegebenen logischen Repräsentation mit sehr allgemeinen Regeln, die ausdrücken, daß von Handlungen nicht beeinflußte Aussagen über den Ist-Zustand des Umfeldes ihre Gültigkeit nicht verlieren. Diese hier am Beispiel verdeutlichte Problematik ist unter dem Begriff des „Rahmenproblems"[3] in der Fachwelt seit nunmehr 30 Jahren bekannt und bis heute Gegenstand intensiver theoretischer Forschungen. Inzwischen haben sich vier oder fünf konkurrierende Basistechniken für die formallogische Beschreibung von Informationen über Wahrnehmungen und Handlungsmöglichkeiten sowie deren Auswirkungen herauskristallisiert, jede mit ihren eigenen Stärken und Schwächen, an deren Verbesserung bzw. Erweiterung weiter gearbeitet wird.

Im Mittelpunkt der aktuellen Forschungen auf dem Gebiet der kognitiven Robotik stehen darüber hinaus Fragestellungen nach der Charakterisierung bzw. Formalisierung rationaler Schlüsse in Fällen, die komplexer als die in dem geschilderten Szenario benötigten sind. Dies soll anhand dreier Beispiele verdeutlicht werden.

Handlungsmöglichkeiten können nicht nur aus physikalischen Gründen eingeschränkt sein, wie im Falle des Betretens eines Raumes bei geschlos-

---

[3] In der Fachliteratur ist die englischsprachige Bezeichnung „frame problem" gebräuchlicher.

senen Türen, sondern auch aufgrund von fehlender Information. So ist es beispielsweise ausschließlich Informationsmangel und keineswegs ein Problem der körperlichen Konstitution, auf einem Lottoschein die korrekten, zwei Tage später gezogenen Zahlen anzukreuzen. Entsprechend muß der fiktive Hauspost verteilende Roboter nicht nur in der Lage sein, das Büro des Adressaten einer Sendung betreten zu können, er muß auch *wissen*, welcher der Räume der richtige ist. Dies erfordert in der Planungsphase die Einbeziehung von Handlungen, die weder auf das Umfeld noch auf die Position des Roboters innerhalb dieses Umfeldes einwirken, sondern lediglich den Informationsstand des Roboters erweitern, wie es etwa das Scannen des Adressfeldes eines Briefumschlags leistet.

Die Unvorhersehbarkeit aller denkbaren Umstände, in die ein Roboter bei Ausführung seiner Tätigkeit geraten kann, erfordert ein gewisses Maß an Vertrauen in die Durchführbarkeit der vom Roboter selbst erstellten Handlungspläne. Dies wiederum führt dazu, daß diesen Plänen oft keine absolute Sicherheit innewohnt und daher ihr Befolgen zu irgendeinem Zeitpunkt unerwarteterweise fehlschlagen kann. Das bedeutet zum einen, daß ein Roboter auch während der mechanischen Durchführung eines geplanten Handlungsablaufes, also während der körperlichen Tätigkeit, seine kognitiven Fähigkeiten einsetzen muß, um ständig zu überprüfen, ob das Umfeld wie erwartet auf seine Handlungen reagiert. Ist dies einmal nicht der Fall, so muß der Roboter seinen Handlungsplan modifizieren, was oftmals nur dann möglich ist, wenn er erfolgreich nach den Ursachen für den Eintritt der unvorhergesehenen Hindernisse forschen konnte.

In bestimmten Bereichen ist der gleichzeitige Einsatz zweier oder mehrerer mobiler Roboter von Vorteil, die gewisse Aufgaben nur gemeinsam bewältigen können. So ist beispielsweise denkbar, daß ein Roboter einen sperrigen Gegenstand alleine nicht anheben und transportieren kann und daher Hilfe benötigt. Solche Kooperationen zu planen erfordert von einem Roboter, auch über die Handlungsmöglichkeiten anderer Roboter informiert zu sein und dies mit der Information über die eigenen Handlungsmöglichkeiten sinnvoll zu kombinieren, so daß über gemeinsame Aktionen Aussagen gemacht werden können. Dies ist keineswegs trivial, da sich die kombinierte Handlungsmöglichkeit nicht als einfache Summe der individuellen Fähigkeiten ergibt. Die Ausführung geplanter Kooperationen erfordert darüber hinaus die Koordinierung der beteiligten Roboter, was im Falle völlig autonomer Einzelroboter nicht ohne die Fähigkeit zu einer zumindest rudimentären Form der Kommunikation möglich ist.

3. Perspektiven und Grenzen der „künstlichen Intelligenz"-Forschung

Die kognitive Robotik ist ein Teilgebiet der „künstlichen Intelligenz".[4] Nach Schalkoff[5] wird damit eine Forschungsrichtung bezeichnet, die sowohl das *Verstehen* als auch die *Nachbildung* intelligenten Verhaltens mit Hilfe von Berechnungsmodellen zum Ziel hat. Die im Mittelpunkt der kognitiven Robotik stehenden kognitiven Fähigkeiten sind nach John McCarthy (s. Abb. 5), der vor gut vierzig Jahren den Begriff der künstlichen Intelligenz prägte, eine Schlüsselfertigkeit menschlicher Intelligenz:

> „Meine Überzeugung ist, daß unsere Intelligenz wesentlich auf der Fähigkeit beruht, unsere Situation, unsere Ziele und die Auswirkungen unserer Handlungsmöglichkeiten sprachlich zu repräsentieren. Darüber hinaus können wir aus diesen Fakten Schlüsse ziehen, die Aussagen darüber machen, mit welchen Handlungen wir voraussichtlich unsere Ziele erreichen werden."[6]

Dieses Zitat deutet an, daß der Forschungsgegenstand der kognitiven Robotik bereits lange vor der Begriffsprägung (vgl. Anm. 2) ein zentraler Aspekt der wissenschaftlichen Untersuchungen künstlicher Intelligenz gewesen ist.

Wie wohl jede zukunftsorientierte Forschung wirft auch die künstliche Intelligenz und insbesondere die kognitive Robotik ernstzunehmende Fragen in bezug auf ihre gesellschaftlichen Auswirkungen auf. Dies gilt umso mehr, da das Forschungsziel, wie in der Einleitung beschrieben, die Herstellung eines neuartigen Werkzeugs ist, das Bestandteil des alltäglichen Lebens werden könnte. Im folgenden soll anhand dreier Fragestellungen angedeutet werden, welche gesellschaftsrelevanten Aspekte mit der kognitiven Robotik verbunden sind bzw. in naher Zukunft sein werden.

Das Problem des Technologiemißbrauchs stellt sich wie in vielen anderen Bereichen der Grundlagenforschung, da die Erforschung der der kognitiven Robotik zugrundeliegenden Prinzipien von konkreten Verwendungsmöglichkeiten abstrahiert. Die untersuchten kognitiven Fähigkeiten sind von so allgemeiner Natur, daß ihre Gültigkeit gänzlich unabhängig

---

[4] Wolfgang BIBEL: 'Intellektik' statt 'KI' – ein ernstgemeinter Vorschlag. In: 22. Rundbrief der Fachgruppe Künstliche Intelligenz in der Gesellschaft für Informatik. 1980, S. 15f., kritisiert die gebräuchliche Verwendung des Begriffs „künstliche Intelligenz" als Bezeichnung sowohl für den Forschungs*gegenstand* als auch für das Forschungs*gebiet* und schlägt daher für letzteres die Bezeichnung „Intellektik" vor.

[5] Robert J. SCHALKOFF: Artificial intelligence: an engineering approach. McGraw-Hill, New York 1990.

[6] John MCCARTHY: Programs with common sense. In: Semantic Information Processing. MIT Press 1968, S. 403–418 (vom Autor aus dem Engl.).

von den physikalischen Eigenschaften und Aufgaben bestimmter Roboter ist. Sie können in Robotern Verwendung finden, die Rettungseinsätze durchführen, welche für Menschen lebensgefährlich wären, und zugleich Robotern dienen, die als Ersatz für menschliche Selbstmordattentäter herangezogen werden.

Bereits heute zeichnet sich ab, daß in naher Zukunft immer häufiger mobile Roboter, insbesondere sogenannte Serviceroboter, bestimmte Berufszweige verdrängen werden. In welchen Bereichen dies sinnvollerweise

Abb. 5: John McCarthy (*1927), amerikanischer Mathematiker, der den Begriff der künstlichen Intelligenz" prägte und noch immer führender Forscher auf dem Gebiet ist.

geschehen sollte und in welchen dies etwa aufgrund mangelnder Akzeptanz trotz möglicher ökonomischer Vorteile nicht erwünscht ist, stellt die Gesellschaft vor wichtige Entscheidungen. So werden heute beispielsweise in einigen amerikanischen Krankenhäusern mobile Roboter dazu eingesetzt, Essen aus der Zentralküche auf die Stationen zu verteilen, jedoch aufgrund ansonsten mangelnder sozialer Hygiene nicht zur Essensausgabe an die stationären Patienten.

Zu neuartigen Fragestellungen gibt auch das Problem der Produkthaftung Anlaß. Mobile, flexibel einsetzbare Roboter müssen an ihren jeweiligen Einsatzort angepaßt werden. Ob bei Ausfallerscheinungen bzw. verursachten Schäden der Hersteller haftbar gemacht werden kann oder ein Bedienungsfehler (bei der Anpassung) ursächlich ist, wird weit schwieriger als bei konventionellen Werkzeugen zu entscheiden sein.

Befriedigende Antworten auf die drei diskutierten gesellschaftsrelevanten Fragestellungen zu finden, wird parallel zu den erwarteten Fortschritten in der kognitiven Robotik immer wichtiger werden. Roboter, deren Tätigkeit durch die in diesem Artikel beschriebenen kognitiven Fähigkeiten unterstützt wird, finden sich heute noch vorwiegend in Forschungslabors wieder. Typische Experimentierfelder sind das selbständige Erkunden eines unbekannten Terrains, das Aufspüren gesuchter Gegenstände, das Greifen und der Transport von Objekten sowie die Bedienung anderer Geräte und Maschinen. Experimentelle Verwendung finden mobile Roboter beispielsweise beim bereits erwähnten Verteilen von Hauspost, bei der Reinigung von Büroräumen, einschließlich der korrekten Mülltrennung, oder beim Empfang und Geleit von Besuchern durch unübersichtliche Gebäudekomplexe.[7] Am notwendigsten und sinnvollsten ist der Einsatz autonomer mobiler Roboter sicher an Orten, an denen lebensfeindliche Bedingungen herrschen oder Menschen allgemein großer Gefahr ausgesetzt wären.

Aus heutiger Sicht läßt sich realistisch prognostizieren, daß mobile Roboter in zunehmendem Maße umgebungsunabhängig einsetzbar und in den unterschiedlichsten Bereichen erfolgreich sein werden unter der Voraussetzung, daß ihr jeweiliges Tätigkeitsfeld relativ klar umrissen ist. Ob die Vorstellung eines „alleskönnenden" Roboters in ferner Zukunft realisierbar sein wird, kann heute weder mit Sicherheit vorausgesagt noch völlig ausgeschlossen werden.

---

[7] Darüber hinaus wird seit 1997 jährlich der sogenannte „RoboCup", die Weltmeisterschaft im Roboterfußball, ausgetragen.

4. Ausgewählte Literatur zum Thema

Einführende Lehrbücher

[1] Nils J. NILSSON: Artificial intelligence: a new synthesis. Morgan Kaufmann Publishers 1998.
[2] Stuart RUSSELL, Peter NORVIG: Artificial intelligence: a modern approach. Prentice-Hall, New Jersey 1995.
[3] Murray SHANAHAN: Solving the Frame Problem. MIT Press, Cambridge, MA 1997.

Populärwissenschaftliche Werke

[4] John L. CASTI: Das Cambridge Quintett. Berlin Verlag 1998. (Aus dem Engl.)
[5] Douglas R. HOFSTADTER: Gödel, Escher, Bach. Ernst Klett Verlag, Stuttgart 1979. (Aus dem Engl.)
[6] Gero VON RANDOW: Roboter – unsere nächsten Verwandten. Rowohlt Verlag, Hamburg 1997.

Sachlich kritische Auseinandersetzungen mit der Thematik

[7] Petra AHRWEILER: Künstliche Intelligenz-Forschung in Deutschland. Waxmann Verlag, Münster 1995.
[8] Margaret A. BODEN (Hrsg.): The Philosophy of Artificial Intelligence. Oxford University Press 1990.
[9] Joseph WEIZENBAUM: Die Macht der Computer und die Ohnmacht der Vernunft. Suhrkamp, Frankfurt (Main) 1977. (Aus dem Engl.)
[10] Joseph WEIZENBAUM: Kurs auf den Eisberg. pseudo-verlag, Zürich 1984.

Colloquia Academica – Akademievorträge junger Wissenschaftler

**Herausgegeben von der Akademie der Wissenschaften und der Literatur, Mainz in Verbindung mit der Johannes Gutenberg-Universität Mainz und dem Ministerium für Bildung, Wissenschaft und Weiterbildung des Landes Rheinland-Pfalz.
Franz Steiner Verlag Stuttgart.**

Folgende Bände sind bisher in der Reihe N (= Naturwissenschaften) erschienen:

N 1995: *Wolfgang Müller:* Spezifische Wechselwirkung von Proteinen und katalytische Atomic Force Mikroskopie an funktionalisierten Oberflächen. *Andreas Wucher:* Oberflächenanalytik mit dem Laser.
Mit Beiträgen von Diethelm Johannsmann und Roland A. Fischer.
1995. 110 S. mit zahlr. Abb., DM 49.-, ISBN 3-515-06867-8.

N 1996: *Eberhard Fischer:* Vegetation von Ruanda: Zur Biodiversität und Ökologie eines zentralafrikanischen Landes. *Dieter Jahn:* Enzymatik und Regulation der Bildung bakterieller Tetrapyrrole.
1996. 74 S. mit 4 Abb. und zahlr. Fig., DM 32.-, ISBN 3-515-07090-7.

N 1997: *Friedemann Pulvermüller:* Sprache im Gehirn: Neurobiologische Überlegungen, psychophysiologische Befunde und psycholinguistische Implikationen. *Karola Rück-Braun:* Domino-Reaktionen am Eisen: Schlüssel zum Aufbau von Naturstoffen. *Karlfried Groebe:* Prä-capilläre Servokontrolle des Perfusionsdruckes und post-capilläre Abstimmung der Perfusionsgröße auf den Gewebebedarf: Ein neues Paradigma für die lokale Durchblutungsregulation.
1998. 125 S. mit 41 Abb., DM 58.- , ISBN 3-515-07401-5.

N 1998: *Ingrid Biehl:* Copyright-Schutz digitaler Daten durch kryptographische Fingerprinting-Schemata. *Michael Thielscher:* Kognitive Robotik – Perspektiven und Grenzen der KI-Forschung.
1999. 54 S., DM 22,80, ISBN 3-515-07565-8.

Preisänderungen vorbehalten.